Stephen Ambomo Okere

Optimisation de l'Instabilité Modulationnelle par les Fibres Optiques

Stephen Ambomo Okere

Optimisation de l'Instabilité Modulationnelle par les Fibres Optiques

Etude comparative des fibres optiques à gestion de dispersion

Presses Académiques Francophones

Impressum / Mentions légales

Bibliografische Information der Deutschen Nationalbibliothek: Die Deutsche Nationalbibliothek verzeichnet diese Publikation in der Deutschen Nationalbibliografie; detaillierte bibliografische Daten sind im Internet über http://dnb.d-nb.de abrufbar.

Information bibliographique publiée par la Deutsche Nationalbibliothek: La Deutsche Nationalbibliothek inscrit cette publication à la Deutsche Nationalbibliografie; des données bibliographiques détaillées sont disponibles sur internet à l'adresse http://dnb.d-nb.de.

Coverbild / Photo de couverture: www.ingimage.com

Verlag / Editeur:
Presses Académiques Francophones
ist ein Imprint der / est une marque déposée de
OmniScriptum GmbH & Co. KG
Heinrich-Böcking-Str. 6-8, 66121 Saarbrücken, Deutschland / Allemagne
Email: info@presses-academiques.com

Herstellung: siehe letzte Seite /
Impression: voir la dernière page
ISBN: 978-3-8381-4903-5

Zugl. / Agréé par: Dijon - Université de Bourgogne - 2008

Dr Stephen AMBOMO OKERE

Optimisation des processus d'instabilité modulationnelle par la technique des fibres optiques à gestion de dispersion

Table des matières

Introduction

De nos jours, les systèmes de transmission par fibres optiques sont de plus en plus présents de manière facilement visible dans de nombreux matériels informatiques et électroniques (Hi-Fi, vidéo, DVD, etc), où ils assurent le couplage numérique des appareils. Ils sont aussi omniprésents, mais de manière moins visible, dans la plupart des nouvelles technologies de l'information et de la communication. En effet, installés dans des tranchées creusées le long voies de chemin de fer ou le long des routes et autoroutes, ou posés au fond des océans, plus de dix millions de kilomètres de câbles à fibres optiques forment actuellement le cœur du réseau mondial des communications à grande distance, qui relie la quasi-totalité de notre planète en temps réel. La fibre optique est une technologie en plein essor, qui s'est progressivement imposée comme un moyen particulièrement adapté pour le transport de l'information, grâce en particulier aux deux révolutions technologiques majeures du début des années 1980, que sont l'avènement des fibres optiques à très faible absorption et l'invention des amplificateurs optiques dont le plus célèbre est sans doute l'amplificateur à fibre dopée erbium(EDFA) [1, 2]. Si l'amplificateur optique permet à l'heure actuelle de combattre efficacement l'atténuation linéique dans les fibres, les effets de la dispersion chromatique demeurent encore actuellement au centre de la problématique des recherches en télécommunication par fibre optique. La dispersion chromatique résulte de la dépendance de l'indice de réfraction vis-à-vis de la fréquence ; il en résulte que les différentes fréquences qui composent le spectre de l'impulsion lumineuse porteuse d'information se propagent à des vitesses différentes, ce qui entraîne un élargissement de l'impulsion à mesure qu'elle se propage dans la fibre.

De tous les concepts élaborés au cours des trois dernières décennies, la gestion de la dispersion est sans doute l'un des plus innovants. Une ligne de transmission à gestion de la dispersion est un système de transmission constitué d'une alternance de segments de fibres de dispersion alternativement positive et négative, de telle sorte que les impulsions qui s'y propagent s'élargissent puis se compriment au rythme de l'alternance des différents segments de fibres. On parle alors de la respiration de l'impulsion. Ce mécanisme, conçu à l'origine pour compenser les effets de dispersion, confère aux impulsions une grande robustesse vis-à-vis de l'interaction avec le bruit des amplificateurs, et vis-à-vis de l'effet de mélange à quatre ondes entre différents canaux de communication. C'est pourquoi, les systèmes à gestion de dispersion font encore actuellement l'objet d'une attention particulière dans le but d'équiper les futurs systèmes de transmission par fibres optiques à très haut débit (de l'ordre du térabits).

Il existe deux grands types de systèmes à gestion de dispersion :

(i) Les lignes à gestion de dispersion conventionnelles sont constituées par l'agencement de deux types de fibres présentes dans les systèmes déjà installés sur le terrain : une fibre SMF (Single-Mode Fiber), de dispersion 17 $ps/nm/km$ et d'une longueur d'environ 100 km, suivie de la fibre DCF (Dipersion Compensating Fiber) de dispersion -90 $ps/nm/km$ et d'une longueur d'environ 19 km qui permet de compenser la dispersion accumulée dans la fibre SMF. L'agencement de ces deux types de fibres constitue un motif élémentaire de dispersion, que l'on appelle aussi "carte élémentaire de dispersion", ou simplement "map de dispersion". Ce motif élémentaire de dispersion est doté d'un (ou deux) amplificateur(s) afin de compenser totalement les pertes (de toutes natures) subies par l'impulsion lors de la propagation dans le motif précédent (pertes linéiques, pertes de raccords, etc). L'ensemble de ces éléments est répété de manière périodique pour couvrir la distance de transmission considérée. Ainsi, dans une ligne conventionnelle, le pas (ou période) d'amplification correspond à la taille d'un motif élémentaire de dispersion. Cependant, les lignes conventionnelles ne permettent pas de transmettre efficacement au delà des distances terrestres ($\leq 2000\ km$) à des débits supérieurs à 160 *Gbits/s/canal*.

(ii) Dans ce contexte, Liang, Toda et Hasegawa, ont proposé un nouveau type de lignes à gestion de dispersion, appelées "ligne à haute densité de gestion de la dispersion" (DDM : Densely Dispersion-Managed system) [3, 4]. Les lignes DDM ont deux caractéristiques essentielles :

(a) Elles sont constituées de fibres de très faible dispersion (comparée à celle des fibres SMF ou DCF), que l'on appelle fibres NZDSF (Non Zero Dispersion Shifted Fiber), dont les valeurs de dispersion sont comprises entre 1 et 5 ps/nm/km, en valeur absolue.

(b) Chaque motif élémentaire est l'agencement de trois segments de fibres de longueurs relativement courtes (typiquement de l'ordre du km) : ($\frac{L_-}{2}$, L_+, $\frac{L_-}{2}$), où les indices $\pm$ font référence aux fibres de dispersion respectivement positives et négatives.

Ces deux caractéristiques ont pour vertue de limiter fortement l'amplitude de respiration de l'impulsion dans un même canal, ce qui réduit la portée des interactions intra-canaux aux deux plus proches voisins de chaque impulsion. Différents travaux ont démontré la faisabilité de transmissions à 160 *Gb/s* monocanal sur des lignes DDM sur environ 7000 *km* [5, 6, 7].

La propagation d'une onde lumineuse dans un système à gestion de dispersion, de même que dans une fibre standard, met en jeu une multitude de phénomènes non-linéaires tels l'auto-modulation de phase, les mélanges paramétriques des ondes, la diffusion Raman, ou l'auto-raidissement des impulsions. Les effets combinés des phénomènes non-linéaires et des effets linéaires tels que la dispersion chromatique ou les pertes linéiques, conduisent à des phénomènes physiques spectaculaires qui peuvent représenter un inconvénient majeur dans certains systèmes optiques alors que dans d'autres systèmes, ils sont au contraire très recherchés pour des applications spécifiques. Un exemple bien connu de tels phénomènes est l'instabilité modulationnelle (IM).

L'IM est un phénomène dans lequel une onde continue ou quasi-continue subit, sous l'influence d'une petite perturbation (même infinitésimale), une modulation de son amplitude ou de sa phase, pouvant conduire à une brisure de l'onde en un train d'impulsions. Cette IM, connue également sous le nom d'instabilité de Benjamin Feir, se manifeste dans des domaines de la physique aussi différents que les plasmas [8], la dynamique des fluides [9], les réseaux solides [10], les réseaux électriques [11], les sémi-conducteurs [12], et l'optique non-linéaire [13].

Dans les fibres optiques, l'IM résulte d'un processus de compensation entre la dispersion chromatique d'une part et l'auto-modulation ou l'inter-modulation de phase, d'autre part. Dans une fibre optique ordinaire, l'IM ne se manifeste qu'en régime de dispersion anormale [14, 15] soumise à une propagation monomode. Toutefois, la mise en place d'une propagation multimode permet d'étendre le domaine de l'IM au régime de dispersion normale [16]. Dans certains systèmes optiques, l'IM représente un inconvénient majeur. C'est notamment le cas des systèmes de transmission par fibre optique où le codage de l'information repose sur une modulation binaire de l'intensité d'une onde lumineuse de très haute fréquence appelée onde porteuse. Dans la transcription d'une information sous forme binaire, les symboles "1" et "0" sont respectivement associés à la présence ou à l'absence d'impulsion lumineuse. Il existe plusieurs manières pour inscrire ce message binaire sur l'onde porteuse. Parmi les plus utilisées, figurent le format RZ ("Return to Zero") et le format NRZ ("No Return to Zero").

Le premier format (RZ) consiste à remettre l'intensité de l'onde porteuse à zéro entre deux "1" successifs, alors que le protocole NRZ, qui est encore utilisé actuellement dans certains systèmes de transmission, a la particularité de ne pas remettre l'intensité du signal à zéro entre deux "1" successifs. Comme toute information envoyée dans une fibre optique peut contenir une longue séquence de "1", on comprend bien que cette partie du signal soit susceptible de se comporter comme une onde quasi-continue et donc être assujettie à l'IM. Ce phénomène, qui se traduit par une forte modulation d'amplitude, peut donc briser cette séquence de "1" en une suite régulière de "0" et de "1", provoquant ainsi une perte partielle ou totale de l'information. Toutefois, comme les puissances utilisées pour ce type de codage sont relativement faibles, l'influence de l'IM ne se fera sentir que sur de très longues distances, comme par exemple, sur les liaisons transatlantiques ou trans-pacifiques.

Mise à part ces inconvénients, il existe plusieurs secteurs d'applications de l'IM, dont les plus courants concernent les processus de conversion de fréquence, ou de génération d'impulsions ulta-brèves à haute cadence pour les systèmes de communication optiques. C'est dans ce contexte général des applications des processus de l'IM que s'inscrivent les travaux de recherche contenus dans ce mémoire de thèse.

La ligne directrice de la thèse est d'optimiser les systèmes de génération des processus d'IM dans un but applicatif. L'optimisation exploite les techniques de gestion de la dispersion développées au cours de la dernière décennie (pour les systèmes de transmission à ultra haut débit), et porte sur deux aspects :

- Le premier concerne les conditions permettant de maximiser le gain des bandes latérales en sortie de système.

- Le second aspect concerne le contrôle et la stabilisation de la fréquence des bandes latérales.

Plus fondamentalement, l'optimisation est basée sur la réduction des effets qui limitent la création et l'amplification des bandes latérales d'IM. Cette démarche nous a permis de mettre au point une méthode d'optimisation qui réalise un accroissement spectaculaire du gain des bandes latérales dites "non conventionnelles". Il s'agit de bandes latérales qui résultent d'une variation spatiale périodique d'un paramètre caractéristique du système. D'autre part, nous avons montré qu'il est possible d'optimiser le gain en puissance des bandes latérales conventionnelles dans une fibre standard, mais que cet accroissement du gain s'accompagne d'un phénomène indésirable de dérive en fréquence des bandes latérales. Nous avons mis au point une méthode de suppression de cette dérive en fréquence dans les spectres d'IM scalaire. Le principe de cette méthode, que nous avons appelée "méthode A3DMF"; consiste à faire décroître exponentiellement la dispersion le long de la fibre, afin de suivre la décroissance exponentielle de puissance occasionnée par les pertes. Par ce procédé, les poids respectifs de la dispersion et de la non-linéarité dans l'accord de phase du processus d'IM n'évoluent pas au cours de la propagation; ce qui verrouille la fréquence des bandes latérales à leurs valeurs initiales. Finalement, nous avons examiné les effets de perte dans les spectres d'IM de polarisation d'une fibre faiblement biréfringente, et nous avons mis au point une méthode de suppression de la dérive en fréquence des bandes latérales, appelée "méthode BD-A3DMF", qui est basée sur une gestion simultanée de la dispersion et de la biréfringence.

Ce mémoire est organisé en quatre chapitres. Dans le premier chapitre nous présentons quelques généralités sur la propagation de la lumière dans la fibre optique. Nous introduisons en particulier l'équation de Schrödinger non-linéaire qui décrit l'évolution d'une onde lumineuse dans une fibre optique monomode.

Le deuxième chapitre est consacré à l'optimisation du gain en puissance des bandes latérales non conventionnelles générées par les fluctuations de dispersion.

Le troisième chapitre présente la méthode A3DMF de suppression de la dérive en fréquence des bandes latérales dans les spectres d'IM scalaire.

Le quatrième chapitre présente la méthode BD-A3DMF de suppression de la dérive en fréquence des bandes latérales dans les spectres d'IM de polarisation.

Enfin nous concluons le mémoire en dégageant quelques perspectives.

Chapitre 1

Généralités sur les effets linéaires et non-linéaires dans les F.O.

1.1 Caractéristiques géométriques

Les fibres optiques à saut d'indice, qui sont les plus couramment utilisées, sont constituées d'un cœur circulaire de quelques μm de diamètre entouré d'une gaine d'un diamètre beaucoup plus grand (environ 100 fois plus). Une gaine de plastique vient ensuite protéger l'ensemble cœur-gaine. La figure (1.1) représente schématiquement une coupe transversale et le profil d'indice pour une fibre optique à saut d'indice [16]. Pour que la fibre puisse guider la lumière, il faut que l'indice du cœur soit supérieur à l'indice de la gaine. En pratique, cette différence d'indice est très faible ($n_c - n_g \approx 0.01$) et le guidage est alors dit faible. En effet, comme le cœur et la gaine sont constitués d'un même matériau de base, à savoir de la silice fondue (SiO_2), cette différence d'indice de réfraction ($\Delta n = n_c - n_g$) résulte des dopants incorporés dans le coeur et la gaine. Les concentrations des dopants étant faibles (quelques %), Δn est alors très faible par rapport à l'indice lui même ($\Delta n << n_c, n_g$). Le cœur est généralement dopé à l'oxyde de germanium (GeO_2) ou au potassium (P_2O_5), ce qui augmente son indice de réfraction [16, 17]. L'un des paramètres importants d'une fibre optique est la longueur

15

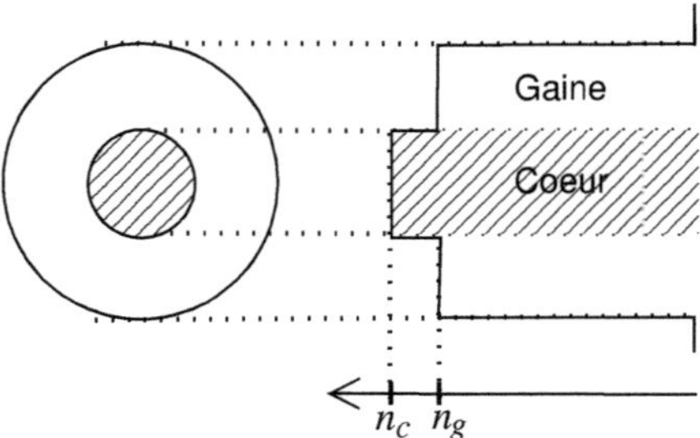

FIGURE 1.1 Illustration schématique de la section transverse d'une fibre à saut d'indice et du profil d'indice de réfraction d'après   [16]

d'onde de coupure λ_c qui est définie par :

$$\lambda_c = \frac{2\pi a \sqrt{n_c^2 - n_g^2}}{2.405},\tag{1.1}$$

où a est le rayon du coeur de la fibre. Cette longueur d'onde de coupure λ_c détermine le nombre de modes pouvant se propager dans la fibre. Une fibre à saut d'indice est monomode pour des longueurs d'onde λ supérieures à λ_c. Par contre si $\lambda < \lambda_c$, la fibre sera alors multimode et le nombre de mode sera d'autant plus élevé que la longueur d'onde sera faible (par rapport à λ_c). D'après l'équation (1.1), pour que la fibre soit monomode, il est nécessaire que son rayon soit petit (i.e. $a \cong 1.5\mu$ m). A l'opposé, une fibre multimode aura nécessairement un diamètre beaucoup plus grand. Comme toutes les études réalisées dans cette thèse concernent principalement les fibres optiques monomodes à saut d'indice, il ne sera donc question que de telles fibres dans la suite de ce rapport.

1.2 Caractéristiques de la silice

1.2.1 La biréfringence

Dans le cas idéal où le cœur est parfaitement circulaire et constitué de silice pure, la fibre optique est non biréfringente. En effet, la silice fondue étant un matériau amorphe, la fibre est alors complètement isotrope. Toutefois l'adjonction de dopants et un écart à la circularité du cœur entraîne une biréfringence résiduelle faible et aléatoire. Il est important de noter qu'avec de telles fibres, une onde de polarisation rectiligne à l'entrée de la fibre ressort complètement dépolarisée à la sortie car en plus de la biréfringence aléatoire en amplitude, s'ajoute une variation aléatoire de la direction des axes principaux le long de la fibre. Pour certaines applications, il est nécessaire de travailler avec des fibres qui maintiennent l'état de polarisation au cours de la propagation. Il existe plusieurs méthodes pour augmenter la biréfringence [16, 18]. L'une d'elle consiste à fabriquer des fibres avec un cœur elliptique ; les axes principaux de la fibre sont alors dirigés selon le petit axe et le grand axe du cœur de la fibre. Toutefois la biréfringence obtenue avec cette technique est de l'ordre de 10^{-6}. Une autre méthode couramment utilisée consiste à insérer, lors de la fabrication de la préforme de la fibre, deux barreaux de verre de silicate de bore de part et d'autre du coeur circulaire. La biréfringence ainsi obtenue est de l'ordre de 10^{-4}. La valeur précise de cette biréfringence de containte dépend fortement de la taille et de la forme de ces barreaux. Ces fibres qui sont fortement biréfringentes maintiennent la polarisation car les perturbations extérieures ne modifient que très faiblement cette biréfringence.

1.2.2 La dispersion chromatique

Lorsqu'une onde électromagnétique se propage dans un milieu diélectrique, elle interagit avec les électrons liés du matériau. Une des conséquences de cette interaction est le phénomène de dispersion, qui traduit le fait que l'indice vu par cette onde dépend de sa fréquence

($n = n(\omega)$). Cette dépendance est décrite avec une bonne approximation par la relation de Sellmeier [19] :

$$n^2(\omega) = 1 + \sum_j^m \frac{B_j \omega_j^2}{\omega_j^2 - \omega^2}, \qquad (1.2)$$

où ω_j est la fréquence de résonance d'ordre j et B_j est la force de cette j-ième résonance. La sommation dans l'équation (1.2) porte sur toutes les résonances du matériau. Il est important de noter que cette formule est uniquement valable pour des fréquences éloignées de ces résonances. Dans le cas des fibres optiques, les résonances principales sont au nombre de trois ($m = 3$) et les valeurs de ω_j et des coefficients B_j dépendent des différents constituants du cœur de la fibre. Pour la silice fondue, ces paramètres ont été calculés à partir de la courbe de dispersion obtenue expérimentalement [20] et sont regroupés dans le tableau (1.1) :

TAB. 1.1 -   Coefficients de la relation de Sellmeier(1.2) pour la silice pure.

Numéro de résonance	Longueur d'onde λ_j [μ m]	Force [B_j]
1	0.0684043	0.6961663
2	0.1162414	0.4079426
3	9.896161	0.8974794

La dispersion chromatique joue un grand rôle dans la propagation d'une impulsion courte, puisque ses composantes spectrales se propagent à des vitesses de phase $c/n(\omega)$ différentes. D'autre part, il apparaît que la correction due à l'influence de la gaine, est négligeable dans le domaine du visible, domaine dans lequel nous avons réalisé une partie des études qui seront présentées dans ce mémoire. Dans le régime de propagation linéaire, les effets de dispersion chromatique sur une onde lumineuse peuvent être traités mathématiquement en developpant en série de Taylor le nombre d'onde $\beta(\omega)$ autour de la fréquence de l'onde porteuse ω_0 :

$$\beta(\omega) = n(\omega)\frac{\omega}{c} = \beta_0 + \beta_1(\omega - \omega_0) + \frac{1}{2}\beta_2(\omega - \omega_0)^2 + \ldots\ldots\ldots \qquad (1.3)$$

où

$$\beta_m = (\frac{d^m\beta}{d\omega^m})_{\omega=\omega_0}, (m = 0, 1, 2...). \tag{1.4}$$

Grâce à la relation de Sellmeier (1.2), β_1 et β_2 peuvent s'exprimer en fonction de l'indice de réfraction n et de ses dérivées :

$$\beta_1 = \frac{1}{c}(n + \omega\frac{dn}{d\omega}) = \frac{n_g}{c} = \frac{1}{v_g} = \frac{\sqrt{1+\theta_1} + \frac{\theta_2}{1+\theta_1}}{c}, \tag{1.5}$$

$$\beta_2 = \frac{1}{c}(2\frac{dn}{d\omega} + \omega\frac{d^2n}{d\omega^2}) = \frac{\lambda}{180\pi}\frac{\theta_2(3 - \frac{\theta_2}{1+\theta_1}) + 4\theta_3}{\sqrt{1+\theta_1}}, \tag{1.6}$$

avec

$$\theta_k = \sum_1^3 \frac{B_j(\frac{\lambda_j}{\lambda})^{2(k-1)}}{1 - (\frac{\lambda_j}{\lambda})^k}. \tag{1.7}$$

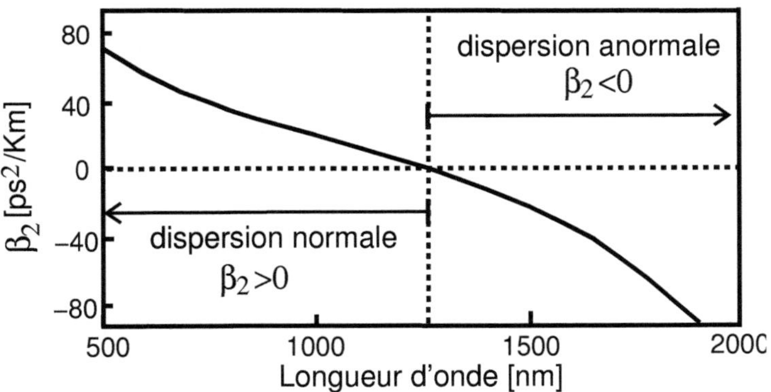

FIGURE 1.2 Evolution du coefficient de dispersion de vitesse de groupe β_2 en fonction de la longueur d'onde.

La figure (1.2) représente la variation de la dispersion chromatique β_2 en fonction de la longueur d'onde λ pour la silice pure. Une caractéristique importante de la silice pure est que sa dispersion s'annule pour des longueurs d'onde d'environ $1,27\mu m$. Cette longueur d'onde est communément appelée longueur de dispersion nulle et est notée λ_D. Toutefois pour une fibre à base de silice, la dispersion s'annule pour une longueur d'onde située aux alentours de $1,32\mu m$. Ce décalage de λ_D résulte de la contribution du guide, c'est-à-dire, des caractéristiques géométriques de la fibre. Cette contribution du guide d'onde, qui est négligeable dans le domaine du visible, est néanmoins prépondérant lorsque la dispersion chromatique β_2 est faible, c'est-à-dire aux environs de la longueur d'onde de dispersion nulle [16]. De plus, ce décalage de λ_D, qui est dû à la contribution du guide d'onde, peut être modifié par la nature et la quantité des dopants. Pour les longueurs d'ondes telles que $\lambda \leq \lambda_D$, la dispersion est dite normale, alors que pour $\lambda \geq \lambda_D$, la disperion est dite anormale.

Comme nous le verrons dans la suite de ce rapport, les pertes de la fibre sont minimales aux environs de $1,55\mu m$ et, par conséquent, il est important de pouvoir construire des fibres dont la valeur de λ_D se situe aux alentours de cette valeur de $1,55\mu m$. Un tel déplacement de λ_D peut se faire en modifiant à la fois le diamètre du coeur et la différence d'indice entre le coeur et la gaine. Ces fibres sont dites à dispersion décalée [16]. C'est d'ailleurs pour des raisons de faibles pertes, que cette longueur d'onde a été choisie pour les communications à grande distance par fibre optique.

Lorsque le spectre des signaux est suffisamment étendu et au voisinage de la longueur d'onde de dispersion nulle, il est nécessaire de considérer l'ordre trois du développement du nombre d'onde au membre de droite de l'équation (1.3). Le paramètre β_3 représentant la pente de la dispersion, s'exprime en ps^3/Km et traduit la dépendance en fréquence de β_2. Ce paramétre est relié, par l'intermédiaire de la longueur d'onde λ, au paramètre s qui représente la pente de la dispersion d'ordre trois et s'exprime en $ps/nm^2/Km$, tandis que d est la dispersion d'ordre 2 où la différence avec β_2 est l'unité de grandeur :

$$\beta_3 = \frac{\lambda^3}{(2\pi c)^2}(\lambda s + 2d). \tag{1.8}$$

On trouve dans le commerce de nombreuses fibres dont les caractéristiques diffèrent selon le type d'applications auxquelles elles sont destinées. Les caractéristiques principales des fibres les plus couramment utilisées sont rappelées dans le tableau 1.2, où d et s sont évalués à

$\lambda =1.55\mu$m, et où A_{eff} désigne l'aire effective du cœur de la fibre.

TAB. 1.2 - Principaux paramètres des fibres usuelles où d et s sont évalués à $\lambda =1.55\mu$m.

	α [dB/Km]	d [ps/nm/Km]	s [ps/nm^2/Km]	A_{eff} [μm^2]
Single Mode Fiber	0.2	$+17$	$+0.056$	80
Dispersion-shifted fiber	0.2	$\simeq 0$	-0.06	55
Teralight	0.22	$+8$	$+0.06$	65
Reverse Teralight	0.28	-16	-0.12	25
Dispersion Compensating Fiber	0.5	-80	-0.3	20
Reverse Dispersion Fiber	0.35	-25	-0.11	25
NZDSF+	0.22	$[+2; +6]$	$+0.06$	55
NZDSF$-$	0.22	$[-4; -2]$	$+0.06$	55

1.2.3 Atténuation dans la fibre

Une onde lumineuse se propageant dans la fibre optique est inévitablement soumise à des pertes d'énergie. Si $P(0)$ est la puissance optique de l'onde lumineuse à l'entrée, la puissance optique détectée en sortie d'une fibre de longueur L est donnée par la relation [16,18] :

$$P(L) \; = \; P(0)\exp\left(-\alpha L\right), \tag{1.9}$$

où α désigne le coefficient de perte de la fibre (appelé aussi coefficient d'atténuation) et s'exprime en m^{-1}. Dans la littérature, les pertes sont généralement exprimées en dB/Km. La relation entre α_{dB} et α s'écrit

$$\alpha_{\text{dB}} \; = \; -\frac{10}{L}\log_{10}\left(\frac{P(L)}{P(0)}\right) = 4343\,\alpha. \tag{1.10}$$

L'atténuation dans la fibre optique résulte de l'absorption et de la diffusion de la lumière. Le coefficient de perte de la fibre dépend de la longueur d'onde comme l'indique la figure

(1.3). Pour les courtes longueurs d'onde ($\lambda < 1.3\mu$m), les pertes sont principalement liées à la diffusion Rayleigh. L'atténuation est alors très élevée et particulièrement sensible à la longueur d'onde (pertes en $1/\lambda^4$). C'est pourquoi les communications optiques modernes utilisent la lumière infrarouge de longueur d'onde 1.3μm ou 1.5μm, plutôt que 0.8 ou 0.9μm comme ce fut le cas des tous premiers systèmes de télécommunication. La plupart des fibres usuelles comportent un pic d'absorption entre $1.3\mu m$ et $1.4\mu m$, dont l'origine est liée à la présence d'ions OH^- piégés en très faible quantité au cœur de la fibre au cours de la fabrication. Les technologies développées récemment permettent de supprimer ce pic d'absorption. Le minimum d'atténuation dans la fibre est situé à la longueur d'onde 1.55μm. Toutefois, il existe une bande de fréquences d'environ 25THz au voisinage de cette longueur d'onde où l'atténuation est relativement faible (entre 0.2 et 0.3 dB/Km). C'est la raison pour laquelle la région entourant cette longueur d'onde est privilégiée pour le transport de signaux lumineux à longue distance [16].

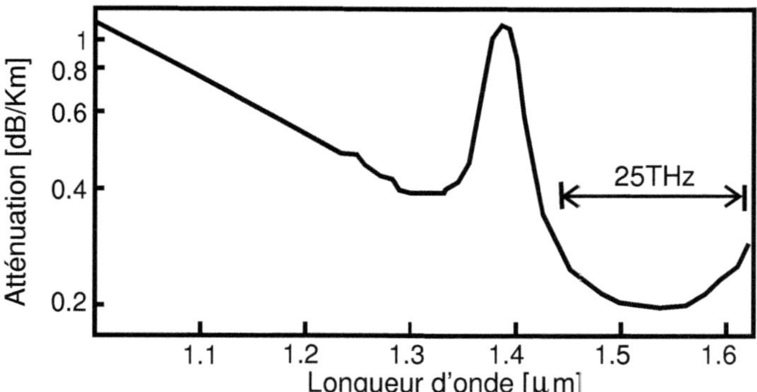

FIGURE 1.3 Evolution du coefficient de pertes optiques d'une fibre monomode en fonction de la longueur d'onde.

1.3 Origine de la non-linéarité optique

1.3.1 Equations de Maxwell

Le comportement des impulsions lumineuses dans une fibre optique est gouverné par les équations de Maxwell :

$$\vec{\text{rot}}\,\mathbf{E} = -\frac{\partial \mathbf{B}}{\partial t}, \tag{1.11}$$

$$\vec{\text{rot}}\,\mathbf{H} = \frac{\partial \mathbf{D}}{\partial t}, \tag{1.12}$$

$$\text{div}\,\mathbf{D} = 0, \tag{1.13}$$

$$\text{div}\,\mathbf{B} = 0, \tag{1.14}$$

avec les relations constitutives $\mathbf{B} = \mu_0 \mathbf{H}$ et $\mathbf{D} = \varepsilon_0 \varepsilon_r \mathbf{E} = \varepsilon_0 \mathbf{E} + \mathbf{P}$, où les caractères gras indiquent des grandeurs vectorielles. Les vecteurs $\mathbf{E} = \mathbf{E}(x, y, z, t)$, $\mathbf{D} = \mathbf{D}(x, y, z, t)$, $\mathbf{B} = \mathbf{B}(x, y, z, t)$, $\mathbf{H} = \mathbf{H}(x, y, z, t)$ et $\mathbf{P} = \mathbf{P}(x, y, z, t)$ représentent respectivement le champ électrique, l'induction électrique, le champ magnétique, l'induction magnétique et la polarisation dans le matériau diélectrique homogène et isotrope constitué par la fibre optique. A partir des équations de Maxwell, on obtient l'équation de propagation du champ électrique :

$$\Delta \mathbf{E} - \frac{1}{c^2}\frac{\partial^2 \mathbf{E}}{\partial t^2} = \mu_0 \frac{\partial^2 \mathbf{P}}{\partial t^2}. \tag{1.15}$$

Par transformation de Fourier de l'équation (1.15), il vient :

$$\Delta \tilde{\mathbf{E}}(x, y, z, \omega) + \frac{\omega^2}{c^2}\tilde{\mathbf{E}}(x, y, z, \omega) = -\mu_0 \omega^2 \tilde{\mathbf{P}}(x, y, z, \omega) \tag{1.16}$$

où $\tilde{\mathbf{E}}(x, y, z, \omega)$ et $\tilde{\mathbf{P}}(x, y, z, \omega)$ représentent respectivement les transformées de Fourier de $\mathbf{E}(x, y, z, t)$ et $\mathbf{P}(x, y, z, t)$ définies par les relations :

$$\tilde{\mathbf{E}}(x, y, z, \omega) = \int \mathbf{E}(x, y, z, t)\exp\left(i\omega t\right)dt, \tag{1.17}$$

et

$$\tilde{\mathbf{P}}(x, y, z, \omega) = \int \mathbf{P}(x, y, z, t)\exp\left(i\omega t\right)dt. \tag{1.18}$$

1.3.2   Effet Kerr optique

La polarisation du matériau diélectrique est la somme de deux contributions :

$$\mathbf{P} \;=\; \mathbf{P}^L + \mathbf{P}^{NL} \tag{1.19}$$

où $\mathbf{P}^L = \varepsilon_0 \tilde{\chi}^{(1)} \tilde{\mathbf{E}}$, est la contribution linéaire de la polarisation, et $\mathbf{P}^{NL} = (3/4)\varepsilon_0 \tilde{\chi}^{(3)} |\tilde{\mathbf{E}}|^2 \tilde{\mathbf{E}}$ est la contribution non-linéaire. $\chi^{(n)}$ est la susceptibilité d'ordre n du matériau. La susceptibilité du second ordre $\chi^{(2)}$ est absente dans le cas des fibres optiques car le matériau est centro-symétrique. D'après la relation $\mathbf{D} = \varepsilon_0 \varepsilon_r \mathbf{E} = \varepsilon_0 \mathbf{E} + \mathbf{P}$, la susceptibilité relative ε_r s'écrit :

$$\varepsilon_r \;\equiv\; n^2(\omega, |\tilde{\mathbf{E}}|^2) = 1 + \tilde{\chi}^{(1)} + \frac{3}{4}\tilde{\chi}^{(3)}|\tilde{\mathbf{E}}|^2, \tag{1.20}$$

L'effet Kerr optique résulte de la susceptibilité du troisième ordre $\chi^{(3)}$ [16,32]. Il se manifeste par la dépendance en intensité de l'indice de réfraction $n = n(\omega, |\tilde{\mathbf{E}}|^2)$. L'indice de réfraction est la somme d'un indice linéaire $n_0 = \sqrt{1 + \tilde{\chi}^{(1)}}$ et d'un indice non-linéaire Δn^{NL}. Dans la mesure où $n^2 = (n_0 + \Delta n^{NL})^2 \simeq n_0^2 + 2n_0 \Delta n^{NL}$, on en déduit que

$$n(\omega, |\tilde{\mathbf{E}}|^2) \;=\; n_0(\omega) + n_2 |\tilde{\mathbf{E}}(x, y, z, \omega)|^2, \tag{1.21}$$

où $n_2 = 3\tilde{\chi}^{(3)}/(8n_0)$ représente le coefficient de l'indice non-linéaire. L'intensité lumineuse est $I = \sigma |\tilde{\mathbf{E}}(x, y, z, \omega)|^2$ où $\sigma = \varepsilon_0 c n_0/2$. Il est alors possible d'exprimer l'indice de réfraction en fonction de l'intensité lumineuse sous la forme

$$n(\omega, |\tilde{\mathbf{E}}|^2) \;=\; n_0(\omega) + n_2^I I. \tag{1.22}$$

où n_2^I est l'indice de Kerr qui vaut $\simeq 2.7 \times 10^{-20}$ m^{-1}W^{-1}, dans le cas de la silice au voisinage de la longueur d'onde de 1.55μm. L'intensité I s'exprime en W/m^2. Physiquement, l'effet Kerr résulte de l'interaction du champ électrique avec les atomes de silice. Il s'agit d'un processus non-résonant, dans le sens où les transitions électroniques impliquent des états virtuels. La réponse Kerr du matériau au champ appliqué est quasi-instantanée (temps de relaxation $\simeq 3$ fs). Dans la silice, la valeur de l'indice de Kerr n_2^I est relativement faible.

Cependant, la fibre optique constitue un milieu Kerr privilégié puisque des intensités de plusieurs dizaines de milliwatts sont confinées sur des distances pouvant atteindre plusieurs milliers de kilomètres au sein d'un cœur dont la surface effective est de l'ordre de 25–80 μm^2 seulement. La susceptibilité du troisième ordre est à l'origine de plusieurs effets non-linéaires tels que l'auto-modulation de phase, l'inter-modulation de phase ou encore la diffusion Raman stimulée.

1.3.3 Diffusion Raman

La diffusion Raman est due à l'interaction des photons et des modes de vibrations de réseau des atomes de silice situés dans l'infrarouge. Elle fait intervenir des processus Raman Stokes et Raman anti-Stokes [33]. Lors du processus Raman Stokes [Fig. 1.4(a)], l'énergie d'un photon incident à la fréquence ω est absorbée, un atome initialement situé dans l'état fondamental ($v = 0$), qui atteint alors un état excité très instable [représenté par la ligne en tirets de la figure 1.4(a)] qualifié d'état virtuel car l'atome ne passe par cet état que de manière fugitive, pour redescendre à un état excité relativement stable ($v = 1$). Lors du passage de l'état virtuel à l'état $v = 1$, l'atome réémet une partie de son énergie sous la forme d'un photon de fréquence $\omega - \Omega$, où la fréquence Ω correspond à la différence d'énergie entre les états vibrationnels $v = 0$ et $v = 1$. Lors du processus Raman anti-Stokes [Figure 1.4(b)], l'énergie d'un photon incident et d'un phonon est absorbée tandis qu'un photon anti-Stokes est émis à la fréquence $\omega + \Omega$ plus élevée que la fréquence du photon incident. Aux conditions normales de température dans la fibre optique, le processus Raman anti-Stokes est minoritaire par rapport au processus Raman Stokes. Le processus de diffusion peut être stimulé par la présence de lumière à la fréquence Stokes ω_s, qu'il s'agisse d'une source extérieure ou de la lumière déjà diffusée. Dans la silice, la Diffusion Raman est maximale lorsque l'écart de fréquence entre la lumière incidente et la lumière diffusée est $\simeq 450$ cm^{-1} ($\simeq 13$ THz autour de 1.55 μm) mais elle s'étend de 0 jusqu'à 1000 cm^{-1} environ, en raison de la nature amorphe de la silice fondue. D'un point de vue phénoménologique, la diffusion Raman est un effet de la susceptibilité d'ordre trois mais avec un temps de relaxation un peu plus lent de l'ordre de 50 fs. Elle peut se révéler néfaste dans le cas des télécommunications optiques en diffusant la lumière en dehors de la fréquence des signaux incidents.

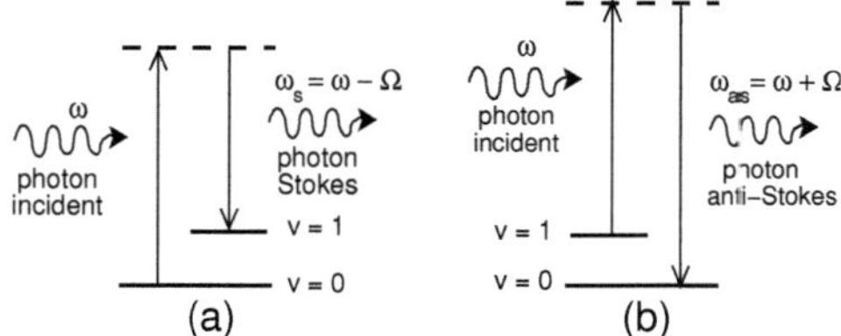

FIGURE 1.4 Représentation schématique des processus Raman : (a)- Stokes et (b)- anti-Stokes.

1.4   Propagation d'une onde lumineuse dans une fibre optique non biréfringente.

1.4.1   Expression de la puissance optique

Considérons le cas de fibres monomodes non-biréfringentes et supposons que le champ électrique soit confiné dans le mode fondamental linéairement polarisé LP_{01}, tel que :

$$\mathbf{E} = E(x, y, z, t)\, \mathbf{e}_{\perp} \tag{1.23}$$

où $\mathbf{e}_{\perp}$ est un vecteur unitaire perpendiculaire à la direction de propagation $\mathbf{e}_z$. Le champ électrique peut se mettre sous la forme suivante :

$$E(x, y, z, t) = E(x, y, z, t)\, e^{i(\beta_0 z - \omega_0 t)} + \text{c.c.}, \tag{1.24}$$

où $E(x, y, z, t)$ est l'amplitude du champ électrique, c.c. désigne le complexe conjugué, ω_0 représente la fréquence de l'onde porteuse et β_0 le module du vecteur d'onde à la fréquence

ω_0. Il est possible de décomposer l'amplitude du champ électrique de la façon suivante :

$$E(x, y, z, t) = C\,\psi(z, t)\,\phi(x, y), \tag{1.25}$$

où C est un facteur de normalisation qui sera explicité dans la suite. La fonction $\psi(z, t)$ représente l'enveloppe du champ électrique. La fonction $\phi(x, y)$ représente la distribution transverse du champ électrique. La fonction $\phi(x, y)$ est solution de l'équation des modes propres dans la fibre :

$$\frac{\partial^2 \phi}{\partial x^2} + \frac{\partial^2 \phi}{\partial y^2} + \left(\frac{n^2 \omega_0^2}{c^2} - \beta^2 \right) \phi = 0. \tag{1.26}$$

Lorsque la longueur d'onde porteuse est supérieure à la longueur d'onde de coupure λ_c, il n'existe plus qu'un seul mode propre susceptible de se propager dans la fibre. C'est le mode fondamental LP_{01}. La distribution transverse du champ électrique est alors proche de celle du mode gaussien, et l'amplitude du champ est maximale sur l'axe de la fibre. La puissance optique de l'onde s'écrit :

$$P = \int\!\!\int I\,dxdy = \int\!\!\int \sigma\,C^2\,|\psi(z, t)|^2\,|\phi(x, y)|^2\,dxdy = \sigma\,C^2\,|\psi(z, t)|^2\,N \tag{1.27}$$

où $\sigma = \varepsilon c n_0/2$ est le coefficient qui relie l'intensité lumineuse au carré du module du champ électrique et

$$N = \int\!\!\int |\phi(x, y)|^2\,dxdy. \tag{1.28}$$

En posant $C = 1/\sqrt{\sigma N}$, on obtient $P = |\psi(z, t)|^2$. Autrement dit, le facteur de normalisation C est choisi de telle sorte que le carré du module de l'enveloppe du champ électrique corresponde à la puissance optique directement exprimée en Watts.

1.4.2 Equation de Schrödinger Non-Linéaire

La dynamique d'une onde lumineuse (continue, quasi-continue ou impulsionnel) dans la fibre optique est principalement façonnée par la dispersion et l'effet Kerr. Pour l'instant, nous ne considérons pas les autres phénomènes susceptibles de modifier l'évolution du champ électromagnétique (atténuation, diffusion Raman,.etc..), afin d'obtenir l'équation centrale appelée Equation de Schrödinger Non-Linéaire (ESNL) qui gouverne l'évolution spatio-temporelle de l'enveloppe $\psi(z,t)$ d'une impulsion lumineuse dans la fibre [34]. Cette équation repose sur l'hypothèse d'une enveloppe lentement variable par rapport à l'évolution spatio-temporelle de l'onde porteuse dont le nombre d'onde est β_0 à la fréquence ω_0. Il est possible de développer en série de Taylor autour de la fréquence ω_0, le nombre d'onde $\beta = n\omega/c = \beta(\omega, |E|^2)$ de la manière suivante :

$$\beta(\omega, |E|^2) \;=\; \beta_0 + \beta_1(\omega - \omega_0) + \frac{\beta_2}{2}(\omega - \omega_0)^2 + \left.\frac{\partial \beta}{\partial |E|^2}\right|_{|E|^2=0} |E|^2. \tag{1.29}$$

En posant $\kappa = \beta - \beta_0$ et $\Omega = \omega - \omega_0$, on obtient la relation de dispersion non-linéaire de l'enveloppe :

$$\kappa \;=\; \beta_1 \Omega + \frac{\beta_2 \Omega^2}{2} + Q|E|^2, \tag{1.30}$$

où $Q = \partial\beta/\partial|E|^2|_{|E|^2=0}$ représente le coefficient de non-linéarité. En remarquant que $n = n_0 + n_2^I|E|^2$, il vient que $Q = n_2^I\omega/c$. Par la transformée de Fourier de la relation de dispersion (1.30), on obtient une première formulation de l'ESNL :

$$\frac{\partial E}{\partial z} + \beta_1\frac{\partial E}{\partial t} + i\frac{\beta_2}{2}\frac{\partial^2 E}{\partial t^2} - iQ|E|^2E \;=\; 0. \tag{1.31}$$

On réalise le changement de variables suivant : $Z = z$ et $T = t - \beta_1 z$. L'équation devient :

$$\frac{\partial E}{\partial Z} + i\frac{\beta_2}{2}\frac{\partial^2 E}{\partial T^2} - iQ|E|^2E \;=\; 0. \tag{1.32}$$

Cette opération revient à se placer dans un repère se déplaçant à la vitesse de groupe $v_g = 1/\beta_1$. Etant donné que $E = \phi(x,y)\,\psi(z,t)/\sqrt{\sigma N}$, il est possible de réécrire l'équation précédente sous la forme :

$$\phi\left(\frac{\partial \psi}{\partial Z} + i\frac{\beta_2}{2}\frac{\partial^2 \psi}{\partial T^2} - iQ\frac{|\phi|^2}{\sigma N}|\psi|^2\psi\right) \;=\; 0. \tag{1.33}$$

En multipliant l'équation précédente par ϕ^* et en intégrant sur la section transverse de la fibre, on obtient l'ESNL sous sa forme usuelle :

$$\frac{\partial \psi}{\partial Z} + i\frac{\beta_2}{2}\frac{\partial^2 \psi}{\partial T^2} - i\gamma|\psi|^2\psi = 0, \tag{1.34}$$

où β_2 représente la dispersion de vitesse de groupe et γ est le coeffcient non-linéaire défini par la relation :

$$\gamma = \frac{Q\int\int|\phi(x,y)|^4 dxdy}{\sigma\int\int|\phi(x,y)|^2 dxdy} = \frac{n_2^I\omega_0}{cA_{\text{eff}}} \tag{1.35}$$

où

$$A_{\text{eff}} = \frac{\int\int|\phi(x,y)|^2 dxdy}{\int\int|\phi(x,y)|^4 dxdy} \tag{1.36}$$

représente l'aire effective de la section transverse de la fibre.

1.5 Propagation des ondes lumineuses dans une fibre optique biréfringente

1.5.1 Equations de Schrödinger non-linéaires couplées

Considérons à présent le cas de la propagation de deux ondes de fréquences différentes dans une fibre biréfringente dans laquelle les pertes et la diffusion Raman sont négligées. Cette approximation est complètement justifiée avec des fibres de faible longueur, mais ne l'est plus pour les fibres de grande longueur. Le champ électromagnétique E se décompose donc sur chaque axe de biréfringence de la fibre comme suit :

$$\vec{E}(r,t) = \frac{1}{2}[E_1(r,t)exp(-i\omega_1 t)\vec{e}_1 + E_2(r,t)exp(-i\omega_2 t)\vec{e}_2] + c.c. \tag{1.37}$$

où $\vec{e}_i(i=1,2)$ sont les vecteurs unitaires des axes principaux de la fibre, ω_i est la fréquence de la porteuse polarisée suivant l'axe $\vec{e}_i$. E_1 et E_2 sont les amplitudes des enveloppes du champ selon les deux axes de la fibre et varient faiblement avec le temps. Les effets transverses comme la diffraction ne jouant aucun rôle dans le cas d'une fibre optique, l'amplitude de l'enveloppe peut s'écrire sous la forme

$$E_i(r,t) = A_i(z,t)\psi_i(x,y)exp[i(\beta_{0,i}z)] \tag{1.38}$$

où $\beta_{0,i}$ est le nombre d'onde de la porteuse ω_i polarisée selon $\vec{e}_i$. $A_i(z,t)$ et $\psi_i(x,y)$ représentent respectivement l'amplitude de l'onde et la répartition transverse du champ. Avec le changement de variable suivant

$$F_i(r,t) = (\alpha_i N_i)^{1/2} E_i(r,t), \tag{1.39}$$

où

$$\alpha_i = \frac{1}{2}n_i\epsilon_0 c$$

et

$$N_i = \int\int \psi_i^2(x,y)dxdy,$$

on obtient des variables F_i dont le module au carré donne directement la puissance optique exprimée en watts ($[|F_i|^2] \equiv W$). En remplaçant l'expression de E_i en fonction de F_i dans les équations de polarisation et en passant dans l'espace de Fourier, on obtient

$$\sqrt{\alpha N_i}\left[-2i\beta_{0,i}\frac{\partial F_i(\omega - \omega_i)}{\partial z} - (\beta_{0,i}^2 - \beta_i)F_i(\omega - \omega_i)\psi_i e^{\theta_i}\right] = \mu_0\,\omega^2 P_{NL}(\omega). \tag{1.40}$$

où $\theta_i = i(\beta_{0,i}z - \omega t)$.

Comme le nombre d'onde β_i est défini par

$$\beta_i = \frac{\omega_i}{c}(1 + \chi_i^{(1)})^{1/2}, \tag{1.41}$$

et que $\beta_i^2 - \beta_{0,i}^2 \approx 2\beta_{0,i}(\beta_i - \beta_{0,i})$, on aboutit à

$$\sqrt{\alpha_i N_i}\left[\frac{\partial F_i(r,t)}{\partial z} + \beta_{1i}\frac{\partial F_i(r,t)}{\partial t} + i\frac{\beta_{2i}}{2}\frac{\partial^2 F_i(r,t)}{\partial t^2}\right]\psi_i e^{\theta_i} = -i\frac{\mu_0}{2\beta_{0,i}}\frac{\partial^2 P_{NL}(r,t)}{\partial t^2}. \tag{1.42}$$

Dans le cas d'un milieu quelconque, la polarisation non linéaire s'exprime par

$$(P_{NL}(\omega_i))_i = \frac{3\epsilon_0}{2q!} \sum_{jkl,\omega_i=\omega_1+\omega_2+\omega_3} \chi_{ijkl}^{(3)}(-\omega_i;\omega_1,\omega_2,\omega_3)E_j(\omega_1)E_k(\omega_2)E_l^*(\omega_3), \qquad (1.43)$$

où q est le nombre de fréquences identiques parmi toutes les fréquences du système ω_1, ω_2 et ω_3 [21, 22]. Les composantes de la polarisation non linéaire $(P_{NL})_1$ s'écrivent

$$(P_{NL}(\omega_1))_1 = \frac{3\epsilon_0}{4}(\chi_{1111}^{(3)}|E_1|^2E_1 + \chi_{1122}^{(3)}|E_2|^2E_1 + \chi_{1212}^{(3)}|E_2|^2E_1), \qquad (1.44)$$

$$(P_{NL}(2\omega_2 - \omega_1))_1 = \frac{3\epsilon_0}{4}\chi_{1221}^{(3)}E_2^2E_1^*. \qquad (1.45)$$

Puisque la fibre est un milieu istrope, les différents éléments du tenseur $\chi^{(3)}$ satisfont la relation [16]

$$\chi_{1111}^{(3)} = \chi_{1122}^{(3)} + \chi_{1212}^{(3)} + \chi_{1221}^{(3)}. \qquad (1.46)$$

La contribution dominante de la non linéarité étant d'origine électronique dans les fibres optiques, les trois termes $\chi_{1122}^{(3)}$, $\chi_{1212}^{(3)}$ et $\chi_{1221}^{(3)}$ ont quasiment la même valeur. L'expression (1.45) de la polarisation devient donc :

$$(P_{NL}(\omega_1))_1 = \chi(|E_1|^2 + \frac{2}{3}|E_2|^2)E_1, \qquad (1.47)$$

$$(P_{NL}(2\omega_2 - \omega_1))_1 = \frac{1}{3}\chi E_2^2E_1^*, \qquad (1.48)$$

avec

$$\chi = \frac{3\epsilon_0\chi_{1111}^{(3)}}{4}. \qquad (1.49)$$

De même l'autre composante s'écrit

$$(P_{NL}(\omega_2))_2 = \chi(|E_2|^2 + \frac{2}{3}|E_1|^2)E_2, \qquad (1.50)$$

$$(P_{NL}(2\omega_1 - \omega_2))_2 = \frac{1}{3}\chi \ E_1^2E_2^*, \qquad (1.51)$$

Dans le domaine temporel, la polarisation non linéaire s'écrit donc

$$(P_{NL}(r,t))_1 = \chi^{eff}[(|E_1|^2 + \frac{2}{3}|E_2|^2)E_1 e^{-i\omega_1 t} + \frac{1}{3}E_2^2 E_1^* e^{-i(2\omega_2 - \omega_1)t}] \tag{1.52}$$

$$(P_{NL}(r,t))_2 = \chi^{eff}[(|E_2|^2 + \frac{2}{3}|E_1|^2)E_2 e^{-i\omega_1 t} + \frac{1}{3}E_1^2 E_2^* e^{-i(2\omega_1 - \omega_2)t}] \tag{1.53}$$

En remplaçant l'expression de $(P_{NL}(r,t))_i$ dans l'équation (1.42) et après avoir intégré sur l'aire de la fibre, on arrive finalement à :

$$\frac{\partial F_1}{\partial z} + \beta_{11}\frac{\partial F_1}{\partial t} + i\frac{\beta_{21}}{2}\frac{\partial^2 F_1}{\partial t^2} = in_2 k_0 \left[(f_{11}|F_1|^2 + \frac{2}{3}f_{22}|F_2|^2)F_1 + \frac{1}{3}f_{12}F_2^2 F_1^* e^{-2i(\Delta kz - \Delta\omega t)} \right],$$
$$\tag{1.54}$$

$$\frac{\partial F_2}{\partial z} + \beta_{12}\frac{\partial F_2}{\partial t} + i\frac{\beta_{22}}{2}\frac{\partial^2 F_2}{\partial t^2} = in_2 k_0 \left[(f_{22}|F_2|^2 + \frac{2}{3}f_{11}|F_1|^2)F_2 + \frac{1}{3}f_{21}F_1^2 F_2^* e^{-2i(\Delta kz - \Delta\omega t)} \right],$$
$$\tag{1.55}$$

où k_0 est le nombre d'onde dans le vide, $\Delta k = \beta_{0,1} - \beta_{0,2}$, $\Delta\omega = \omega_1 - \omega_2$, β_{1i}^{-1} est la vitesse de groupe pour le mode i et β_{2i} est le coefficient de dispersion chromatique correspondant.

Il est utile de noter qu'en prenant la dérivée seconde de $(P_{NL}(r,t))_i$ par rapport au temps dans l'équation (1.42), les dérivées première et seconde des termes du type $|F|^2 F$ ont été ignorées. La dérivée première correspond à un phénomène connu sous le nom de "'self steepening"' qui se manifeste uniquement avec des impulsions dont la durée est inférieure à $100fs$ [16]. La simplification portant sur la dérivée seconde est justifiée par l'approximation dite de l'enveloppe faiblement variable, déjà rencontrée dans le cas linéaire.

En pratique, les coefficients de dispersion pour les deux axes princpaux de la fibre sont quasiment identiques. Par conséquent, nous prendrons dans la suite la même valeur pour les β_{2i} et cette valeur sera notée β_2. Les coefficients f_{jk}, qui sont les intégrales de recouvrement, sont définis par

$$f_{jk} = \frac{\int\int_{-\infty}^{\infty} |\psi_j(x,y)|^2 |\psi_k(x,y)|^2 dxdy}{[\int\int_{-\infty}^{\infty}|\psi_j(x,y)|^2 dxdy][\int\int_{-\infty}^{\infty}|\psi_k(x,y)|^2 dxdy]}. \tag{1.56}$$

Dans nos travaux sur la fibre biréfringente qui sont présentés ultérieurement dans ce mémoire, les deux champs E_1 et E_2 correspondent à deux ondes de fréquences identiques. Dans ce cas, les distributions tranverses peuvent donc être considérées comme identiques :

$$f_{jj} = f_{kk} = f_{jk} = \frac{1}{A_{eff}}, \tag{1.57}$$

où A_{eff} est l'aire effective de la fibre.

Dans ce cas les équations (1.54) et (1.55) se simplifient et donnent

$$\frac{\partial F_j}{\partial z} + \beta_{1i}\frac{\partial F_j}{\partial t} + i\frac{\beta_2}{2}\frac{\partial^2 F_j}{\partial t^2} = i\gamma[(|F_j|^2 + \frac{2}{3}|F_k|^2)F_j + \frac{1}{3}F_k^2 F_j^* e^{\mp 2i(\Delta kz - \Delta\omega t)}] \tag{1.58}$$

où $\gamma = n_2 k_0/A_{eff}$ est appelé *coefficient non linéaire*.

Pour plus de commodités, il est utile de se placer dans un repère se déplaçant à la vitesse de groupe moyenne de deux composantes du champ. Dans ce repère les ENSL couplées (1.58) s'écrivent :

$$\frac{\partial F_j}{\partial z} \mp \frac{\delta}{2}\frac{\partial F_j}{\partial \tau} + i\frac{\beta_2}{2}\frac{\partial^2 F_j}{\partial \tau^2} = i\gamma[(|F_j|^2 + |F_k|^2)F_j + \frac{1}{3}F_k^2 F_j^* e^{\mp 2i(\Delta kz - \Delta\omega\tau)}] \tag{1.59}$$

avec

$$\tau = t - z[\frac{1}{2}(\beta_{11} + \beta_{12})], \ \delta = \beta_{12} - \beta_{11}. \tag{1.60}$$

Il est important de noter que les indices 1 et 2 peuvent se referer indifféremment aux axes rapide et lent de la fibre. Il suffit en effet de changer le signe de δ pour intervertir la désignation des axes.

Lorsque les valeurs de β_{11} et β_{12} sont différents ($\delta \neq 0$), les deux ondes ont alors des vitesses de groupe différentes, ce qui va conduire à séparer temporellement ces deux ondes au cours de leur propagation. Par conséquent ces deux ondes ne pourront interagir que sur une longueur finie dite longueur de "'walk-off" (définie) par $L_w = T_0/|\Delta k|$ où, T_0 est la largeur à mi-hauteur des impulsions laser [16]. Avec des impulsions de quelques ns, comme celles utilisées dans la plupart des expériences sur l'IM, la longueur de "'walk-off"' est très grande et dans ce cas la longueur d'interaction est quasiment la longueur de la fibre.

Le terme en β_2 caractérise les effets de la dispersion de la fibre, qui se manifestent par un élargissement temporel de toute impulsion laser se propageant dans la fibre. De même que pour le "'walk-off'", on peut définir une longueur de dispersion qui s'exprime par [16] :

$$L_D = \frac{T_0^2}{|\beta_2|}.$$ (1.61)

Cette longueur de dispersion correspond à la longueur de fibre nécessaire pour que la largeur temporelle T_0 soit multipliée par $\sqrt{2}$. Le membre de droite de l'équation (1.59) représente la non linéarité de la fibre. Le premier et le deuxième terme de cette partie non linéaire représentent respectivement, l'auto-modulation de phase (SPM) et l'inter-modulation de phase (XPM) [16]. En effet, lorsque plusieurs ondes se propagent dans une fibre optique, l'indice vu par une onde, et par conséquent sa phase, est non seulement fonction de sa propre intensité (SPM) mais aussi de l'intensité de toutes les autres ondes qui se propagent dans la fibre (XPM). Le principal effet de cette modulation de phase est d'élargir spectralement les impulsions laser [23, 24, 25]. Le dernier terme de la partie linéaire (en $F_k^2 F_j^*$) est un terme de couplage cohérent puisqu'il est sensible à la différence de phase entre les deux composantes du champ ; ce qui n'est d'ailleurs pas le cas pour les termes SPM et XPM. Ce terme, qui est responsable des échanges d'énergie entre les deux axes de la fibre, peut être plus ou moins significatif suivant la valeur de la birefringence. Lorsque les effets dispersifs et non linéaires agissent en même temps, d'autres phénomènes peuvent alors se produire, tels que l'instabilité modulationnelle, que nous étudierons en détail dans la suite de ce mémoire [25, 26]).

1.6 Equations de Schrödinger non linéaires normalisées

Pour obtenir l'état de polarisation d'une onde unique en tout point d'une fibre biréfringente, on part des équations de Schrödinger non linéaires dans le cas particulier où les deux fréquences ω_1 et ω_2 sont identiques. Ces équations sont valables quelle que soit la biréfringence de la fibre. Dans ces conditions, en effectuant un changement de notation ($E_p \equiv F_1$, $E_q \equiv F_2$), les équations (1.59), (1.60) s'écrivent alors

$$\left(\frac{\partial E_p}{\partial z} - \delta \frac{\partial E_p}{\partial \tau} + i \frac{\beta_2}{2} \frac{\partial^2 E_p}{\partial \tau^2}\right) = i\gamma\left[\left(|E_p|^2 + \frac{2}{3}|E_q|^2\right)E_p + \frac{1}{3}E_q^2 E_p^* e^{-2i\Delta kz}\right], \tag{1.62a}$$

$$\left(\frac{\partial E_q}{\partial z} + \delta \frac{\partial E_q}{\partial \tau} + i \frac{\beta_2}{2} \frac{\partial^2 E_q}{\partial \tau^2}\right) = i\gamma\left[\left(|E_q|^2 + \frac{2}{3}|E_p|^2\right)E_q + \frac{1}{3}E_p^2 E_q^* e^{-2i\Delta kz}\right], \tag{1.62b}$$

Dans les équations (1.62a), (1.62b), les indices p et q désignent respectivement les axes rapide et lent de la fibre. Afin de "'supprimer"' la présence explicite du terme exponentiel dans les équations, on effectue le changement de variable suivant :

$$A_p = E_p e^{i\Delta kz/2}, \ \ A_q = E_q e^{-i\Delta kz/2} \tag{1.63}$$

Nous obtenons alors

$$\left(\frac{\partial A_p}{\partial z} - \delta \frac{\partial A_p}{\partial \tau}\right) - i\frac{\Delta k}{2}A_p + i\frac{\beta_2}{2}\frac{\partial^2 A_p}{\partial \tau^2} = i\gamma\left[\left(|A_p|^2 + \frac{2}{3}|A_q|^2\right)A_p + \frac{1}{3}A_q^2 A_p^*\right], \tag{1.64}$$

$$\left(\frac{\partial A_q}{\partial z} + \delta \frac{\partial A_q}{\partial \tau}\right) - i\frac{\Delta k}{2}A_q + i\frac{\beta_2}{2}\frac{\partial^2 A_q}{\partial \tau^2} = i\gamma\left[\left(|A_q|^2 + \frac{2}{3}|A_p|^2\right)A_q + \frac{1}{3}A_p^2 A_q^*\right]. \tag{1.65}$$

Ce système d'équations se traitant beaucoup plus facilement sur la base circulaire, on peut effectuer le changement de variables suivant :

$$A_\pm = \frac{1}{\sqrt{2}}(A_p \pm iA_q), \tag{1.66}$$

où A_- et A_+ sont respectivement les composantes circulaires gauche et droite du champ. Les équations de Schrödinger non linéaires couplées s'écrivent de la manière suivante dans cette nouvelle base :

$$\frac{\partial A_+}{\partial z} - \delta \frac{\partial A_-}{\partial \tau} - i\frac{\Delta\beta}{2}A_- + i\frac{\beta_2}{2}\frac{\partial^2 A_+}{\partial \tau^2} = i\frac{2}{3}\gamma\left(|A_+|^2 + 2|A_-|^2\right)A_+ \tag{1.67}$$

$$\frac{\partial A_-}{\partial z} - \delta \frac{\partial A_+}{\partial \tau} - i\frac{\Delta\beta}{2}A_+ + i\frac{\beta_2}{2}\frac{\partial^2 A_-}{\partial \tau^2} = i\frac{2}{3}\gamma\left(|A_-|^2 + 2|A_+|^2\right)A_-. \tag{1.68}$$

1.7   Instabilité modulationnelle scalaire

Les ondes continues ou quasi-continues, lors de leur propagation dans un milieu dispersif et non linéaire peuvent devenir instables sous l'effet de perturbations infinitésimales [9]. En général, l'instabilité modulationnelle (IM) se manifeste par l'auto-modulation de la phase d'une onde continue (ou quasi-continue). Lorsque la perturbation résulte du bruit quantique, on parle d'instabilité modulationnelle spontanée. Lorsque la perturbation est un signal injecté dans la fibre, on parle d'instabilité modulationnelle induite. Il existe plusieurs méthodes d'étude de l'IM dans les fibres optiques : la plus simple est l'analyse de stabilité linéaire (ASL) et la résolution numérique de l'ESNL. Nous allons illustrer l'ASL dans le cas de l'IM scalaire (qui se produit dans une fibre conventionnelle non biréfringente soumise à une seule onde de pompe). La méthode de résolution numérique de l'ESNL est présentée à l'annexe B.

1.7.1   Analyse de stabilité linéaire

L'instabilité modulationnelle scalaire peut être interprétée à partir de l'ESNL scalaire,

$$\frac{\partial A}{\partial z} + i\frac{\beta}{2}\frac{\partial^2 A}{\partial t^2} = i\gamma|A|^2 A. \tag{1.69}$$

L'ASL consiste à rechercher les solutions stationnaires de l'ESNL et à étudier leurs conditions de stabilité. La solution stationnaire de l'équation (1.69) est la solution de l'éqution suivante :

$$\frac{\partial A}{\partial z} = i\gamma|A|^2 A, \tag{1.70}$$

qui s'écrit :

$$A_s = \sqrt{P_0}\, e^{i\gamma P_0 z},$$

où P_0 est la puissance de pompe incidente en $z = 0$. La perturbation de la solution stationnaire s'écrit

$$A = A_s + u = \sqrt{P_0}\, e^{i\gamma P_0 z} + u.$$

L'ESNL conduit, après linéarisation, à l'équation d'évolution de la perturbation :

$$\frac{\partial u}{\partial z} + i\frac{\beta}{2}\frac{\partial^2 u}{\partial t^2} = i\gamma P_0(u + u^*) \tag{1.71}$$

On pose :

$$u(z,t) = u_0 e^{ikz-i\Omega t} + u_0 e^{-ikz+i\Omega t}$$

que l'on peut mettre sous la forme

$$u(z,t) = u_s e^{-i\Omega t} + u_a e^{i\Omega t}, \tag{1.72}$$

avec

$$u_s(z) = u_{0s}e^{ikz}; \; u_a(z) = u_{0a}e^{-ikz}.$$

Si l'on remplace u par son expression (1.72) dans l'équation (1.71) et si l'on sépare les termes en $e^{i\Omega t}$ et en $e^{-i\Omega t}$, on obtient le système suivant :

$$\frac{\partial u_s}{\partial z} = i[\beta\frac{\Omega^2}{2} + \gamma P_0]u_s + i\gamma P_0 u_a^* \tag{1.73a}$$

$$\frac{\partial u_a}{\partial z} = i[\beta\frac{\Omega^2}{2} + \gamma P_0]u_a + i\gamma P_0 u_s^* \tag{1.73b}$$

En conjuguant la deuxième équation, le système (1.73b) se met sous la forme matricielle suivante :

$$\frac{\partial}{\partial z}\begin{bmatrix} u_s \\ u_a^* \end{bmatrix} = i\begin{bmatrix} (\beta\frac{\Omega^2}{2} + \gamma P_0) & \gamma P_0 \\ -\gamma P_0 & -(\beta\frac{\Omega^2}{2} + \gamma P_0) \end{bmatrix}\begin{bmatrix} u_s \\ u_a^* \end{bmatrix}, \tag{1.74}$$

où $[M]$ est la matrice de stabilité. Le nombre d'onde K de la perturbation est donnée par la résolution de l'équation

$$[M]y = ky \tag{1.75}$$

où la matrice M est donnée par l'équation 1.74 et y est le vecteur $y[u_s(-\Omega, z), u_a^*(\Omega, z)]$. L'IM se produit lorsque K possède une partie imaginaire non nulle. Les valeurs propres de cette matrice conduisent à l'équation suivante :

$$k^2 = \Omega^2\beta(\beta\frac{\Omega^2}{2} + 2\gamma P_0), \tag{1.76}$$

qui est la relation de dispersion pour les ondes de perturbation. Le signe de k^2 dépend de celui de la dispersion β.

- Pour une dispersion normale $(\beta > 0,)$ $k^2 > 0$, cela signifie que les ondes continues (ou quasi-continues) sont stables (car les perturbations y sont stables).
- Pour une dispersion anormale $(\beta < 0)$ on a

$$k^2 = -|k|^2 = \beta^2 \frac{\Omega^2}{4}(\Omega^2 - 4\frac{\gamma P_0}{|\beta|}); \tag{1.77}$$

donc

$$|k|^2 = -\beta^2 \frac{\Omega^2}{4}(\Omega_c^2 - \Omega^2) \tag{1.78}$$

avec $\Omega_c^2 = 4\frac{\gamma P_0}{|\beta|}$. k^2 devient négatif pour $\Omega < \Omega_c$ dans cette région, et on peut donc écrire que

$$K^2 = i^2|k|^2,$$

ce qui entraîne

$$K = \pm i|k|.$$

Conséquemment, pour une onde u_a par exemple, nous aurons

$$u_a = u_{0a}e^{-ikz} = u_{0a}e^{|K|z}.$$

Autrement dit, toutes les petites perturbations qui prendront naissance aux fréquences de décalage Ω, avec

$$-\Omega_c < \Omega < \Omega_c,$$

pourront être amplifiées exponentiellement au cours de la propagation. Cette amplification se fait au détriment de la pompe, qui se dépeuple : c'est le phénomène d'Instabilité Modulationnelle scalaire. Dans le domaine spectral, ce phénomène provoque la croissance de deux bandes latérales de chaque coté de la pompe. Le gain en puissance à la fréquence Ω est :

$$g(\Omega) = 2Im(k) = |\beta|\Omega(\Omega_c^2 - \Omega^2)^{\frac{1}{2}}. \tag{1.79}$$

En prenant la dérivée du gain par rapport à Ω, on obtient la fréquence de modulation optimum (FMO) :

$$\Omega_{opt} = \frac{\Omega_c}{\sqrt{2}},\tag{1.80}$$

c'est-à-dire, la fréquence pour laquelle le gain est maximum :

$$G_{opt} = g(\Omega_{opt}) = 2\gamma P_0.\tag{1.81}$$

En pratique, la fréquence qui sera préférentiellement amplifiée est la fréquence Ω_{opt}. On peut induire l'instabilité en injectant dans la fibre une deuxième onde décalée par rapport à la porteuse d'une quantité comprise entre 0 et Ω_c. Dans ce cas, on peut contrôler la fréquence de modulation, et donc, la fréquence des bandes latérales.

1.7.2 Interprétation en terme de mélange à quatre ondes

Dans les processus non-linéaires tels la diffusion Raman ou la diffusion Brillouin, la fibre optique joue un rôle actif dans les échanges d'énergie de part la participation des vibrations moléculaires (diffusion Raman) ou des phonons acoustiques (diffusion de Brillouin). Dans d'autres phénomènes non-linéaires, la fibre joue un rôle passif en ce que elle sert uniquement d'intermédiaire dans les processus d'échange d'énergie entre les différentes ondes. De tels processus sont dits paramétriques. Comme l'instabilité modulationnelle se traduit par l'émergence de bandes latérales de part et d'autre de la pompe, ce phénomène peut aussi s'interpréter comme un processus de mélange à quatre ondes dégénéré. Deux photons pompe de même fréquence ω_0 sont détruits pour créer simultanément deux autres photons aux fréquences Stokes $(\omega_0 - \Omega)$ et anti-Stokes $(\omega_0 + \Omega)$. La condition d'accord de phase, qui est la condition de conservation de la quantité de mouvement, s'écrit :

$$k_s + k_a = 2k_p.\tag{1.82}$$

La condition de conservation d'énergie s'écrit :

$$E_s + E_a = 2E_p,\tag{1.83}$$

où E_p désigne l'énergie d'un photon de pompe. On a donc :

$$k_s + k_a - 2k_p = \Delta k = 0,$$ (1.84)

que l'on peut encore mettre sous la forme suivante :

$$k(\omega_0 - \Omega) + k(\omega_0 + \Omega) - 2k(\omega_0) = 0.$$ (1.85)

D'autre part, sachant que le vecteur d'onde est une fonction de l'indice de réfraction, qui est lui même fonction de la fréquence et de la puissance de l'onde (effet Kerr), on peut écrire que :

$$k = k_L(\omega) + k_{NL}(\omega),$$ (1.86)

où $k_L(\omega) = n_0(\omega)\frac{\omega}{c}$ et $k_{NL}(\omega) = n_2^I I\frac{\omega}{c}$ représentent respectivement les contributions linéaire et non linéaire à la phase de l'onde. Lorsque l'écart de fréquence Ω est relativement faible par rapport à la fréquence de l'onde de pompe, la contribution linéaire s'écrit

$$k_L(\omega_0 \mp \Omega) = k_L(\omega_0) \pm \Omega\frac{\partial k_L}{\partial \omega} + \frac{1}{2}\Omega^2\frac{\partial^2 k_L}{\partial \omega^2}.$$ (1.87)

Autrement dit, les nombres d'onde k_s et k_a des ondes Stokes et anti-Stokes s'obtiennent par un développement en série de Taylor à l'ordre 2 autour de la fréquence de l'onde de pompe ω_0 :

$$k_s(\omega_0 - \Omega) = k_p(\omega_0) - \beta_1\Omega + \frac{1}{2}\beta_2\Omega^2,$$ (1.88)

$$k_a(\omega_0 + \Omega) = k_p(\omega_0) + \beta_1\Omega + \frac{1}{2}\beta_2\Omega^2.$$ (1.89)

La contribution linéaire au désaccord de phase s'écrit :

$$\Delta k_L = k_s + k_a - 2k_p = \beta_2\Omega^2.$$ (1.90)

La contribution non-linéaire, s'écrit :

$$\Delta k_{NL} = n_2^I\frac{\omega}{c}I = n_2^I\frac{P\omega}{A_{eff}c} = P\gamma.$$ (1.91)

La condition d'accord de phase qui s'écrit alors :

$$\Delta k_L + \Delta k_{NL} = \beta_2 \Omega^2 + \gamma P = 0.$$ (1.92)

qui aboutit à l'expression suivante de la fréquence de la modulation optimale :

$$\Omega_{opt} = \sqrt{\frac{-\gamma P}{\beta_2}}.$$ (1.93)

Chapitre 2

Optimisation du gain en puissance des bandes latérales non conventionnelles

2.1 Introduction

Au cours de ces deux dernières décennies, un effort considérable a été déployé pour obtenir un meilleur aperçu des phénomènes non linéaires qui se manifestent chaque fois que des faisceaux lumineux intenses se propagent dans des systèmes optiques de guide d'onde. Un exemple bien connu de tels phénomènes est l'instabilité modulationnelle (IM), qui est un phénomène dans lequel une onde continue ou quasi continue subit une modulation de son amplitude ou de sa phase en présence de bruit ou de toute autre petite perturbation [27, 28, 29, 30, 31, 32, 16, 33, 34, 35, 36, 37, 38, 39, 40, 41]. Quand l'IM est utilisée dans des applications pratiques telles que la génération de trains d'impulsions ultra brèves [30, 16], le contrôle des fréquences des bandes latérales (BL) et l'optimisation du gain en puissance de l'IM, deviennent des problèmes cruciaux. Dans ce contexte, le processus d'IM le plus simple dans les fibres optiques est sans doute celui qui utilise une fibre ayant une dispersion de vitesse de groupe négative (régime de dispersion anormale) [42]. L'accord de phase de ce processus d'IM, que nous appellerons processus d'IM conventionnel, résulte de la compensation de la dispersion de second d'ordre par la non linéarité Kerr de la silice. Pour ce processus d'IM

43

conventionnel, la fréquence de modulation optimum (FMO), définie comme étant la fréquence à laquelle le gain d'IM atteint sa valeur maximum, dépend des paramètres du système à travers la formule simple qui suit :

$$\Omega_{\text{opt}} = \sqrt{-2\gamma P_0/\beta}, \tag{2.1}$$

où γ est le coefficient non linéaire de la fibre, P_0 est la puissance de pompe, et β est le paramètre de dispersion d'ordre 2. La formule 4.6 suggère qu'il serait possible de contrôler la fréquence des bandes latérales au travers d'un simple accord de la puissance de pompe P_0 à l'entrée de la fibre. Mais, si on laisse une onde de pompe se propager sur la longueur optimum de la fibre (c'est-à-dire, la longueur de fibre correspondant au maximum de gain cumulé), les bandes latérales subiront une dérive en fréquence due aux pertes par absorption dans la fibre [43]. Dans la plupart des systèmes d'IM qui ont été proposés jusqu'à présent dans la littérature, des distances de fibre relativement courtes ont été utilisées afin de mieux contrôler la fréquence des bandes latérales (par un simple accord de la puissance de pompe à l'entrée de la fibre). Mais l'utilisation de fibres de petites longueurs revient à sacrifier le gain cumulé d'IM [43]. En réalité, la plupart des systèmes d'IM existant fonctionnent loin des conditions optimales de génération de l'IM, en raison de sérieuses difficultés pour obtenir simultanément, sans aucun emploi de composants spéciaux, le maximum de gain (d'IM) cumulé disponible, et un contrôle fin de la fréquence des bandes latérales. Cette difficulté résulte d'une absence de flexibilité dans les systèmes conventionnels, qui ont comme inconvénient de ne fournir qu'un très petit nombre de degrés de liberté pour le contrôle et l'optimisation des processus d'IM. En général, dans divers systèmes de fibre utilisés jusqu'à présent pour générer des processus d'IM, qui vont des fibres de silice à saut d'indice à dispersion constante, jusqu'aux fibres à cristaux photoniques en passant par les fibres à dispersion décroissante, les systèmes de fibres à variation périodique (ou non périodique) de dispersion semblent être les systèmes qui fournissent le plus de degrés de liberté pour contrôler et optimiser les processus d'IM. En particulier, des études récentes suggèrent que les systèmes périodiquement modulés sont des systèmes tout à fait appropriés dans lesquels les processus d'IM peuvent être développés d'une manière qui soit méticuleuse et confortablement contrôlees [34, 35, 36, 37, 38].

L'étude de l'IM dans les milieux périodiquement modulés est menée déjà depuis bien longtemps [44, 28, 30, 33, 45, 46, 47, 48, 49, 50, 51, 34, 35, 36, 37, 38], en relation avec la propagation d'ondes électromagnétiques dans les fibres optiques avec variation périodique de la puissance de pompe [51, 28, 49] et variation périodique de la dispersion [33, 45, 46, 34, 36, 37, 38], le long de la distance de propagation. En particulier, il a été montré que la résonance paramétrique entre la modulation des paramètres d'une fibre optique et certaines fréquences caractéristiques, génère de nouvelles bandes latérales appelées bandes latérales non conventionnelles (BLNC), aussi bien dans le régime de dispersion anormale que dans le régime de dispersion normale [51, 45, 46]. Matera et collaborateurs ont démontré théoriquement l'existence des BLNC dans les systèmes de fibres à dispersion constante [51] et à variation périodique de puissance de pompe (c'est-à-dire, avec une amplification périodique). La démonstration expérimentale de ce premier type de BLNC a été réalisée par Kikuchi et collaborateurs, au moyen d'une boucle à recirculation [52]. Ensuite Bronski et Kutz [33], Abdullaev et collaborateurs [45] et Smith et Doran [46], ont établi à partir d'études théoriques, que la variation périodique de dispersion peut induire un autre type de BLNC. Par la suite, il a été démontré théoriquement que ces deux types de bandes latérales peuvent cœxister dans un système de fibres qui contient à la fois une variation périodique de dispersion et une amplification périodique [34, 37, 38]. Mais à notre connaissance, les BLNC induites par la variation périodique de dispersion n'ont pas encore été observées expérimentalement. Le principal obstacle dans une mise en évidence expérimentale de ce type de bandes latérales réside dans leurs très faible gain en puissance.

Le but de ce chapitre est de démontrer que les limitations mentionnées ci-dessus dans le gain en puissance des BLNC peuvent être résolues par une procédure d'optimisation appropriée basée sur un petit nombre de paramètres de système. Ainsi, nous avons trouvé que la dispersion centrale $\hat{\beta}$ (valeur moyenne des coefficients de dispersion des deux types de fibre du système) et la dispersion moyenne β_{av}, sont des paramètres de contrôle très sensibles, qui permettent d'accorder facilement les fréquences des bandes latérales à toute valeur désirée sur une plage de fréquence relativement large. En particulier nous démontrons l'existence d'une région critique de la dispersion centrale dans laquelle les BLNC subissent un accroissement spectaculaire de leur gain en puissance. A notre connaissance, un tel effet n'a jamais été rapporté jusqu'à présent dans les systèmes de fibre à variation périodique de dispersion, ou à variation périodique de puissance. Ce comportement critique fournit les conditions naturelles de génération, amplification et observation expérimentale des BLNC. La suite de ce chapitre s'organise de la manière suivante. Dans la section 2 nous présentons le modèle théorique. Dans la section 3 nous présentons l'analyse de stabilité linéaire de la propagation d'onde. Les résultats sont analysés dans la section 4. Dans la section 5 nous concluons ce chapitre.

2.2   Modèle

La propagation d'une onde lumineuse dans une fibre monomode à variation périodique de dispersion, diffusion Raman stimulée, et pertes, est décrite par l'équation de Schrödinger non linéaire qui suit [16, 53, 54] ;

$$
\begin{aligned}
&\frac{\partial q}{\partial z} + \frac{i}{2}[\beta_{\mathrm{av}} + \tilde{\beta}(z)]\frac{\partial^2 q}{\partial t^2} - i\gamma(1-\rho)|q|^2 q + \frac{\alpha}{2}q \\
&\quad -i\gamma\rho\, q \int_0^\infty |q(z,t-s)|^2 \chi_{\mathrm{R}}(s)ds = 0,
\end{aligned}
\tag{2.2}
$$

où q est l'enveloppe de champ électrique lentement variable, β_{av}, $\tilde{\beta}$, γ et α sont respectivement la constante de dispersion moyenne, la partie fluctuante de la dispersion, le coefficient d'automodulation de phase et le paramètre de pertes de la fibre. Dans l'équation 2.2, $\chi_{\mathrm{R}}(s)$ représente la susceptibilité Raman [55, 56]. Le profil spectral et la susceptibilité Raman $\tilde{\chi}_{\mathrm{R}}(\Omega)$, correspond à celle du quart fondu de l'article [55], qui a été normalisé de sorte que la partie $\Re[\tilde{\chi}_R(0)] = 1$, comme illustré dans la Fig. 2.1 de l'article [57]. Le paramètre ρ représente la contribution de la réponse Raman à la non linéarité totale. Dans une fibre à silice non biréfringente, $\rho = 0.18$ [55]. En pratique une propagation en régime monomode est plus facilement obtenue en injectant une onde de pompe sur l'un des deux axes de biréfringence d'une fibre fortement biréfringente. Dans ce chapitre nous considérons une propagation monomode dans une fibre fortement biréfringente (dopée à l'oxyde de germanium), dans laquelle $\rho = 0.36$ [56]. En effectuant le changement de variable

$$q(z,t) = Q(z,t) \exp\left(-\frac{\alpha}{2}z\right), \tag{2.3}$$

Eq. (2.2) se réécrit de la façon suivante

$$\frac{\partial Q}{\partial z} + \frac{i}{2}[\beta_{\mathrm{av}} + \tilde{\beta}(z)]\frac{\partial^2 Q}{\partial t^2} - i\gamma f(z)(1-\rho)|Q|^2 Q$$
$$-i\gamma\rho f(z)\, Q \int_0^\infty |Q(z,t-s)|^2 \chi_R(s)ds = 0, \tag{2.4}$$

où

$$f(z) = \exp(-\alpha z). \tag{2.5}$$

L'équation (2.4) est l'équation principale à partir de laquelle on peut obtenir la condition d'IM. Il est tout à fait clair qu'en raison de la variation périodique de la dispersion, la partie fluctuante de la dispersion $\tilde{\beta}(z)$ devient une fonction périodique de z de période égale à Z_d, comme schématiquement représenté dans la Fig. 2.1.

Chaque période Z_d est constituée de deux types de fibres de longueurs différentes (L_+, L_-) et de coefficients de dispersion de signes opposés : β_+ positif et β_- négatif. Ici et par la suite, nous utiliserons une configuration symétrique de la carte de dispersion qui est constituée de trois sections de fibres $(L_+/2, L_-, L_+/2)$, comme l'illustre la Fig. 2.1. Alors il devient clair que :

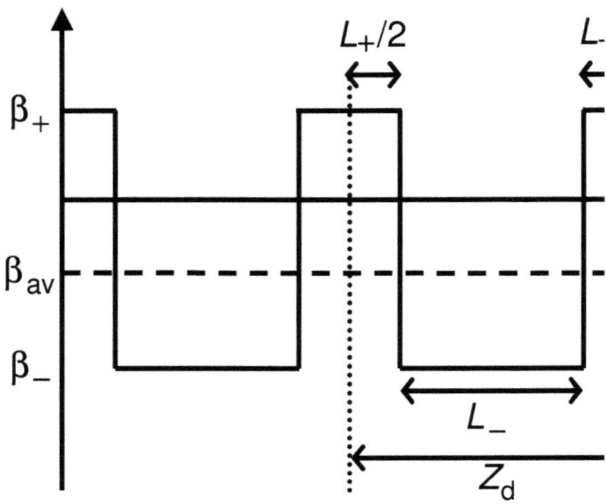

FIGURE 2.1 Représentation schématique de la carte de dispersion du système

$$\beta_{av} \equiv (\beta_+ L_+ + \beta_- L_-)/Z_d, \tag{2.6}$$

$$Z_d \equiv L_+ + L_-. \tag{2.7}$$

2.3 Analyse de stabilité linéaire

La solution stationnaire de l'équation principale (2.4) peut se mettre sous la forme suivante :

$$Q(z,t) = \sqrt{P_0}\ \exp\left[i\phi(z)\right],$$ (2.8)

après avoir résolu l'équation (2.4) à $t = 0$, c'est- à -dire

$$\frac{\partial}{\partial z}Q - i\gamma f(z)(1-\rho)|Q|^2 Q = 0$$ (2.9)

où P_0 est la puissance initiale de la pompe (puissance injectée dans le système) et $\phi(z)$ est le déphasage non linéaire induit par l'auto modulation de phase. En substituant l'équation (2.8) dans l'équation (2.4), nous obtenons

$$\phi(z) = \gamma P_0 \frac{\left[1 - \exp\left(-\alpha z\right)\right]}{\alpha}.$$ (2.10)

La stabilité linéaire de l'état stationnaire peut être examinée en introduisant un champ de perturbation de la forme suivante

$$Q(z,t) = \left[\sqrt{P_0} + a(z,t)\right]\exp\left[i\phi(z)\right],$$ (2.11)

où $|a(z,t)|^2 \ll P_0$. On choisit pour le champ de perturbation $a(z,t)$, une fonction ansatz ayant une fréquence de décalage Ω par rapport à la pompe :

$$a(z,t) = a(-\Omega, z)\exp\left(-i\Omega t\right) + a(\Omega, z)\exp\left(i\Omega t\right),$$ (2.12)

où $a(-\Omega, z)$ et $a(\Omega, z)$ sont les amplitudes complexes de la perturbation, correspondant respectivement aux bandes latérales anti-Stokes et Stokes. En substituant les équations (2.11) et (2.12) dans (2.4) et en regroupant les termes linéaires proportionnels à $a(-\Omega, z)$ et ceux proportionnels à $a(\Omega, z)$ nous obtenons les équations suivantes pour le champ perturbé :

$$\frac{da(-\Omega, z)}{dz} = i\,M(\Omega, z)\,a(-\Omega, z) + i\,W(\Omega, z)\,a^*(\Omega, z), \tag{2.13a}$$

$$\frac{da^*(\Omega, z)}{dz} = -i\,W(\Omega, z)\,a(-\Omega, z) - i\,M(\Omega, z)\,a^*(\Omega, z), \tag{2.13b}$$

où

$$M(\Omega, z) \equiv \eta(\Omega, z) + W(\Omega, z), \tag{2.14a}$$

$$W(\Omega, z) \equiv \gamma P_0 f(z)\left[1 - \rho + \rho\tilde{\chi}_R(-\Omega)\right], \tag{2.14b}$$

$$\eta(\Omega, z) \equiv \eta_{\mathrm{av}}(\Omega) + \tilde{\eta}(\Omega, z) = \frac{1}{2}[\beta_{\mathrm{av}} + \tilde{\beta}(z)]\,\Omega^2. \tag{2.14c}$$

Ici l'astérix représente le complexe conjugué. Pour se débarrasser des oscillations rapides de l'enveloppe du champ de perturbation, nous introduisons la transformation suivante :

$$\begin{bmatrix} b(-\Omega, z) \\ b(\Omega, z) \end{bmatrix} = \begin{bmatrix} a(-\Omega, z) \\ a(\Omega, z) \end{bmatrix} \exp\left(-\frac{i}{2}\Omega^2 \int_0^z \tilde{\beta}(z')dz'\right). \tag{2.15}$$

A partir des équations (12) et (14) nous obtenons

$$\frac{d}{dz}\begin{bmatrix} b(-\Omega, z) \\ b^*(\Omega, z) \end{bmatrix} = i\begin{bmatrix} \eta_{\mathrm{av}}(\Omega) + W(\Omega, z) & W(\Omega, z)g(\Omega, z) \\ -W(\Omega, z)g^*(\Omega, z) & -\eta_{\mathrm{av}}(\Omega) - W(\Omega, z) \end{bmatrix}\begin{bmatrix} b(-\Omega, z) \\ b^*(\Omega, z) \end{bmatrix}, \tag{2.16}$$

où

$$g(\Omega, z) = \exp\left(-i\Omega^2 \int_0^z \tilde{\beta}(z')dz'\right). \tag{2.17}$$

En développant la fonction g en série de Fourier nous obtenons

$$g(\Omega, z) = \sum_{n=-\infty}^{+\infty} g_n(\Omega)\exp(-ink_{\mathrm{d}}z), \tag{2.18}$$

où

$$
\begin{aligned}
g_n(\Omega) \;=\;& \frac{\exp[i(nk_{\mathrm d}-\Omega^2\tilde\beta_+)L_+/2]}{iZ_{\mathrm d}(nk_{\mathrm d}-\Omega^2\tilde\beta_-)}\left\{\exp[i(nk_{\mathrm d}-\Omega^2\tilde\beta_-)L_-]-1\right\}\\
+\;& \frac{1}{iZ_{\mathrm d}(nk_{\mathrm d}-\Omega^2\tilde\beta_+)}\Big[\{\exp[i(nk_{\mathrm d}-\Omega^2\tilde\beta_+)L_+/2]-1\}\\
\times\;& \{exp[i(nk_{\mathrm d}-\Omega^2\tilde\beta_-)L_-]\exp[i(nk_{\mathrm d}+\Omega^2\tilde\beta_+)L_+/2]+1\}\Big],
\end{aligned}
\tag{2.19a}
$$

$$
k_{\mathrm d} \;=\; 2\pi/Z_{\mathrm d}, \tag{2.19b}
$$

$$
\tilde\beta_\pm \;=\; \pm\Delta\beta L_\mp/Z_{\mathrm d}, \tag{2.19c}
$$

$$
\Delta\beta \;=\; \beta_+-\beta_-. \tag{2.19d}
$$

En supposant qu'on se place au voisinage de la résonance avec la composante de Fourier d'ordre p du champ de perturbation, on peut alors effectuer la transformation suivante :

$$
\begin{bmatrix} b(-\Omega,z) \\ b(\Omega,z) \end{bmatrix} = \begin{bmatrix} v(-\Omega,z) \\ v(\Omega,z) \end{bmatrix}\exp\left(-\frac{i}{2}p\,k_{\mathrm d}z\right),
\tag{2.20}
$$

où p est un entier, alors à partir des équations (2.16), (2.17), (2.19), et (2.20) nous obtenons

$$
\frac{d}{dz}\begin{bmatrix} v(-\Omega,z) \\ v^*(\Omega,z) \end{bmatrix} = iM\begin{bmatrix} v(-\Omega,z) \\ v^*(\Omega,z) \end{bmatrix},
\tag{2.21}
$$

où

$$
M = \begin{bmatrix} \eta_{\mathrm{av}}(\Omega)+W(\Omega,0)+p\,k_{\mathrm d}/2 & W(\Omega,0)g_p(\Omega)e^{ip\,k_{\mathrm d}z} \\[2mm] -W(\Omega,0)g_p^*(\Omega)e^{-ip\,k_{\mathrm d}z} & -\eta_{\mathrm{av}}(\Omega)-W(\Omega,0)-p\,k_{\mathrm d}/2 \end{bmatrix}
\tag{2.22}
$$

est la matrice de stabilité du système. Ici il est utile de noter que l'analyse de stabilité linéaire (ASL) que nous considérons est fondamentalement appropriée pour la caractérisation des processus d'instabilité au stade initial de la propagation, où le champ de perturbation est encore suffisamment petit. Dans cette situation, on peut négliger l'atténuation de puissance induite par les pertes d'absorption. Dans ce cas nous pouvons considérer que $f(z)$ est approximativement égal à 1 ; ce qui conduit à $W(\Omega, z)$ approximativement égal à $W(\Omega, 0)$ dans l'équation (21). Dans ces conditions il est clair que les prédictions de l'ASL peuvent plus ou moins dévier du comportement réel du système à un stade avancé de la propagation, et là, la solution exacte de l'équation de Schrödinger non linéaire deviendra nécessaire. Les valeurs propres de la matrice de stabilité de l'équation (21) déterminent le nombre d'onde K de la perturbation. L'IM se produit lorsque K possède une partie imaginaire non nulle. Les valeurs propres sont données par la relation de dispersion suivante :

$$K_{\pm} = \pm \left[\left(\frac{\beta_{\mathrm{av}}\Omega^2 + pk_{\mathrm{d}}}{2} + \gamma P_0 \left[1 - \rho + \rho\chi_{\mathrm{R}}(-\Omega)\right] \right)^2 - \gamma^2 P_0^2 \left[1 - \rho + \rho\chi_{\mathrm{R}}(-\Omega)\right]^2 |g_p(\Omega)|^2 \right]^{1/2}.$$
$$(2.23)$$

L'importance de l'IM est mesurée par le gain en puissance des bandes latérales défini par

$$G(\Omega) = 2|\Im(K_{\pm})|. \qquad (2.24)$$

Dont le spectre en fonction de la fréquence et de la dispersion moyenne est représenté par la figure ci-dessous. Cette figure montre la coexistence des paires de bandes latérales d'amplitudes égales respectivement de nature conventionnelles et non conventionnelles. Les bandes latérales sont symétriques par rapport à l'onde pompe ($\Omega = 0$) et pour cette raison nous avons choisi de travailler dans l'espace de fréquences négatif.

2.4   Resultats et discussions

L'avantage majeur de notre système de fibre à variation périodique de dispersion réside dans la disponibilité de plusieurs paramètres de contrôle : à savoir, $\Delta\beta$, β_{av}, and Z_{d}, qui peuvent être fixés aux valeurs que l'on désire à travers un choix approprié des longueurs des segments de fibre (L_+, L_-) de la période de dispersion. Bien plus, de manière inattendue,

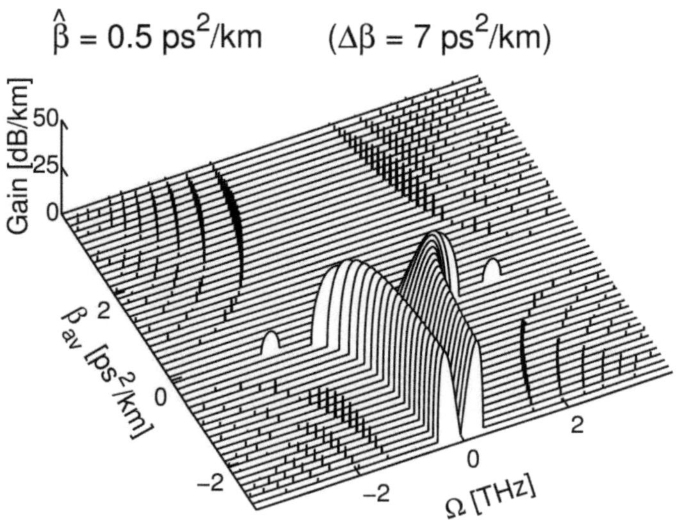

FIGURE 2.2 Spectre de gain obtenu à partir de l'ASL, pour $\hat{\beta} = 0.5\,\mathrm{ps}^2/\mathrm{km}$, $\Delta\beta = 7\,\mathrm{ps}^2/\mathrm{km}$.

nous avons trouvé que le paramètre.

$$\hat{\beta} = \left(\beta_+ + \beta_-\right)/2,$$

que nous appellerons "dispersion centrale", a une forte influence sur le gain en puissance des bandes latérales. En principe, pour optimiser un tel système (qui contient plusieurs paramètres de contrôle), on doit effectuer une analyse multidimensionnelle impliquant des variations simultanées de tous les paramètres. Cette approche est trop compliquée et particulièrement coûteuse en opérations de calcul. C'est la raison pour laquelle dans notre étude nous avons remarqué que deux paramètres fondamentaux (β_{av} et $\hat{\beta}$) dominent les autres paramètres et peuvent donc être utilisés pour construire une procéduire d'optimisation efficace. Nous avons remarqué que les spectres d'IM diffèrent qualitativement selon que $\hat{\beta} = 0$ ou

$\hat{\beta} \neq 0$. Pour présenter convenablement les résultats nous discuterons séparément ces deux cas.

2.4.1 Optimisation des systèmes à carte de dispersion symétrique $\hat{\beta} = 0$

Ici nous considérons les systèmes que nous appellerons désormais "systèmes symétriques", dans lesquels les coefficientss de dispersion de deux types de fibre du système ont exactement la même valeur absolue, mais sont de signes opposés : $\beta_+ = -\beta_- > 0$. Il est utile de noter que pour le système symétrique, le paramètre $\Delta\beta$ peut être fixé à toute valeur que l'on désire en maintenant $\hat{\beta}$ égal à 0. Dans la première étape de notre processus d'optimisation, nous considérons les effets d'une variation de la dispersion moyenne dans le domaine suivant $\beta_- \leq \beta_{\mathrm{av}} \leq \beta_+$, en gardant tous les autres paramètres de contrôle constants. Nous avons successivement considéré deux valeurs différentes de β_+ qui correspondent à $\Delta\beta = 4\,\mathrm{ps}^2/\mathrm{km}$ et $8\,\mathrm{ps}^2/\mathrm{km}$. La variation de β_{av} est obtenue en variant simplement les longueurs des sections de fibres (L_+, L_-) tout en maintenant la longueur de la période de dispersion à une valeur constante fixé à $Z_{\mathrm{d}} = 30\,\mathrm{m}$. Les Fig. 2.3 et 2.4 représentent les spectres de gain d'IM en fonction de β_{av}, respectivement pour $\Delta\beta = 4\,\mathrm{ps}^2/\mathrm{km}$ et $8\,\mathrm{ps}^2/\mathrm{km}$.

Nous observons les caractéristiques générales suivantes :

(i) Dans le régime de dispersion anormale $(\beta_{\mathrm{av}} < 0)$ le spectre de gain contient à la fois des bandes latérales conventionnelles (BLC) $[n = 0]$ et les BLNC $[n \neq 0]$, alors que seules les BLNC sont présentes en régime de dispersion normale $(\beta_{\mathrm{av}} > 0)$.

(ii) Le gain pour les BLNC s'annule lorsque β_{av} atteint les limites du domaine de variation de la dispersion moyenne, à savoir $\beta_{\mathrm{av}} = \beta_+$ et $\beta_{\mathrm{av}} = \beta_-$. En conséquence, dans le cas d'une carte de dispersion symétrique, les fréquences des BLNC sont reparties de manière symétrique par rapport à $\beta_{\mathrm{av}} = 0$, comme on peut le voir dans les Figs. 2.3(b) et 2.4(b).

(iii) Chaque BLC apparaît à une fréquence de modulation qui est nettement plus petite

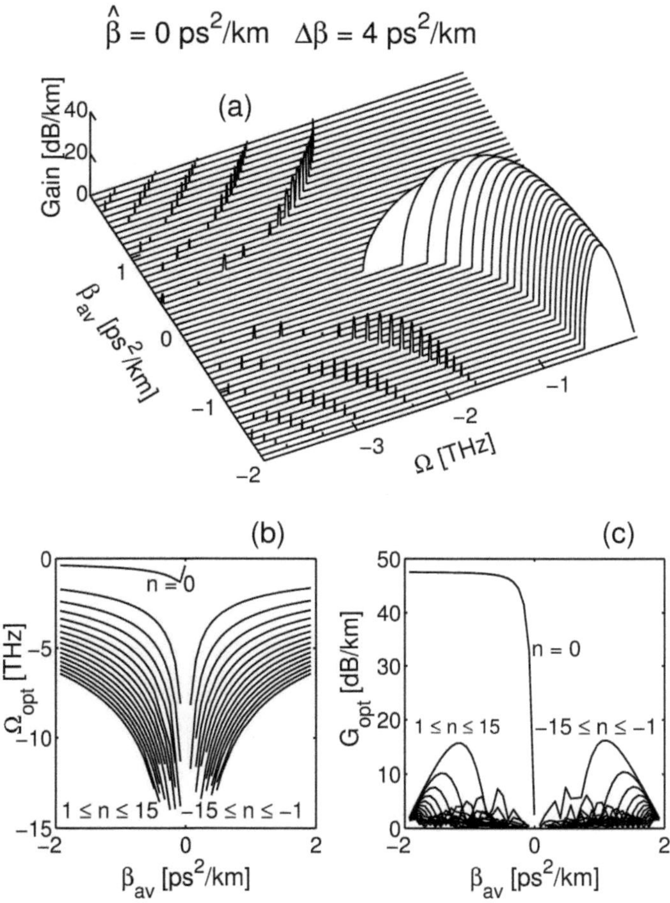

FIGURE 2.3 Gain d'IM en fonction de la dispersion moyenne β_{av}, obtenu à partir de l'ASL, pour $\hat{\beta} = 0\,\mathrm{ps}^2/\mathrm{km}$, $\Delta\beta = 4\,\mathrm{ps}^2/\mathrm{km}$, $\beta_+ = 2\,\mathrm{ps}^2/\mathrm{km}$, and $Z_\mathrm{d} = 30\,\mathrm{m}$. (a) : Spectre de gain. (b) :Fréquence de modulation optimum. (c) : Gain optimum.

que celles des BLNC.

(iv) Pour une dispersion moyenne donnée les fréquences de modulation correspondant aux différents harmoniques de la fluctuation de dispersion (par exemple, $\Omega_{\text{opt},n}$) augmentent avec l'ordre de l'harmonique n ($|\Omega_{\text{opt},n+1}| > |\Omega_{\text{opt},n}|$), alors que le gain optimum s'accroît à mesure que l'ordre de l'harmonique décroît. En d'autres termes, le processus d'IM favorise la génération des bandes latérales correspondant au premier harmonique de la fluctuation de dispersion ($n = 1$). Conséquemment, désormais, nous nous focaliserons principalement sur cet harmonique. D'autre part, nous accorderons plus d'attention à la région de dispersion moyenne positive, (β_{av}) car cette région permet de supprimer la génération des BLC.

(v) Un des résultats les plus importants pour les systèmes à carte de dispersion symétrique, est visible dans les Figs. 2.3(c) et 2.4(c), qui révèlent qu'une variation substantielle de l'amplitude $\Delta\beta$ de la fluctuation de dispersion induit une variation notable des fréquences de modulation, mais n'a essentiellement aucun effet sur le gain des BLNC.

2.4.2 Optimisation des systèmes à carte de dispersion asymétrique ($\hat{\beta} \neq 0$)

Ici nous avons considéré des systèmes dans lesquels les deux types de fibre de la carte de dispersion ont des coefficients de dispersion de valeurs absolues différentes ($|\beta_+| \neq |\beta_-|$). Nous avons examiné le domaine suivant : $\beta_- \leq \beta_{\text{av}} \leq \beta_+$, dans lequel la limite supérieure est fixée à $\beta_+ = 4\,\text{ps}^2/\text{km}$, et la limite inférieure varie de $\beta_- = -3(\hat{\beta} = 0.5)\,\text{ps}^2/\text{km}$ à $\beta_- = 3\,(\hat{\beta} = 3.5)\,\text{ps}^2/\text{km}$. Les Fig. 2.5 représentent les spectres de gain pour $\hat{\beta} = 0.5$, qui correspond à un cas où la dispersion centrale est proche de zéro.

La comparaison entre les Figs. 2.4(a) et 2.5(a) ne révèle aucune différence qualitative par rapport au cas symétrique. Une comparaison méticuleuse entre les Figs. 2.4 (c) et 2.5(c) ne révèle qu'un léger accroissement du gain optimum dans le cas asymétrique. D'autre part la Fig. 2.6 représente le spectre de gain pour un cas où la dispersion centrale est modérément éloignée de zéro, c'est-à-dire $\tilde{\beta} = 2\,\mathrm{ps}^2/\mathrm{km}$. Le point le plus important dans les Fig. 2.6 est clairement visible sur la Fig. 2.6(c), qui révèle un accroissement spectaculaire du gain optimum (de plus de $20\,\mathrm{dB/km}$) par rapport au gain correspondant au cas symétrique [voir Fig 2c], et un décalage de la valeur optimum de la dispersion moyenne vers des valeurs qui sont significativement plus basses que celles du cas symétrique.

D'autre part les Figs. 2.7, que nous avons obtenues pour $\hat{\beta} = 3.5\,\mathrm{ps}^2/\mathrm{km}$, qui correspondent à un cas où la dispersion centrale est relativement éloigné de zéro demontre un effondrement spectaculaire du gain d'IM par rapport au cas $\hat{\beta} = 2\,\mathrm{ps}^2/\mathrm{km}$ consideré dans la Fig. 2.6. Ainsi donc, la caractéristique la plus marquante des Figs. 2.5, 2.6 et 2.7, est l'indication d'une possible existence d'un comportement critique dans le processus d'IM dans ce système. Pour obtenir des éclaircissements sur ce point nous avons examiné la région de paramètres : $0.5\,\mathrm{ps}^2/\mathrm{km} \leq \hat{\beta} \leq 3.5\,\mathrm{ps}^2/\mathrm{km}$, d'une manière plus attentive et systématique, et nous avons obtenu des valeurs de gain optimum, la dispersion moyenne (optimum) correspondante, et la fréquence de modulation (optimum), pour chaque valeur de $\hat{\beta}$. Les résultats sont représentés dans la Fig. 2.8 qui fait apparaître plusieurs points importants. En particulier, le point le plus marquant est visible sur la Fig. 2.8(a) qui confirme l'existence d'une région de paramètre critique au voisinage de ($\hat{\beta} = 2\,\mathrm{ps}^2/\mathrm{km}$ et $\beta_{\mathrm{av}} = 0.07\,\mathrm{ps}^2/\mathrm{km}$), dans laquelle le gain des BLNC s'accroît de manière spectaculaire. D'autre part, conscient de la nature approximative de l'analyse de stabilité linéaire, il nous a paru important de confirmer l'existence du comportement critique par la résolution de l'équation de Schrödinger non linéaire (ESNL).

Les Figs. 2.9(a1), 2.9(b1) et 2.9(c1), qui montrent les spectres gain obtenus par la résolution numérique de l'ESNL, respectivement pour $\hat{\beta} = 1\,\mathrm{ps}^2/\mathrm{km}$, $\hat{\beta} = 2\,\mathrm{ps}^2/\mathrm{km}$ et $\hat{\beta} = 3\,\mathrm{ps}^2/\mathrm{km}$, confirment l'accroissement abrupt du gain en puissance des bandes latérales à $\hat{\beta} = 2\,\mathrm{ps}^2/\mathrm{km}$, de plus de $20\,\mathrm{dB/km}$ en comparaison avec le gain en puissance pour $\hat{\beta} = 1\,\mathrm{ps}^2/\mathrm{km}$ et $\hat{\beta} = 3\,\mathrm{ps}^2/\mathrm{km}$. La seconde observation remarquable dans la Fig. 2.9 est que les résultats donnés par l'ASL [8(a2), 8(b2) et 8(c2)], s'accordent extrêmement bien avec ceux obtenus par la résolution de l'ESNL. D'autre part considérant que les valeurs de dispersion centrale choisies dans les Figs. 2.9(a1), 2.9(b1) et 2.9(c1) ($\hat{\beta} = 1\,\mathrm{ps}^2/\mathrm{km}$ et $\hat{\beta} = 3\,\mathrm{ps}^2/\mathrm{km}$) sont relativement éloignées de $\hat{\beta} = 2\,\mathrm{ps}^2/\mathrm{km}$, nous avons examiné les cas où les valeurs de la dispersion centrale sont relativement proches de $\hat{\beta} = 2\,\mathrm{ps}^2/\mathrm{km}$. Ainsi sur les Figs. 2.10, 2.10(a1) et 2.10(a2), et 2.10(b1) et 2.10(b2) montrent que les gains obtenus respectivement pour ($\hat{\beta} = 1.90\,\mathrm{ps}^2/\mathrm{km}$, $\beta_{\mathrm{av}} = 0.59\,\mathrm{ps}^2/\mathrm{km}$) et ($\hat{\beta} = 2.10\,\mathrm{ps}^2/\mathrm{km}$, $\beta_{\mathrm{av}} = 0.7\,\mathrm{ps}^2/\mathrm{km}$) présentent deux points communs.

(i) Les deux gains sont clairement plus grands que ceux obtenus pour $\hat{\beta} = 1\,\mathrm{ps}^2/\mathrm{km}$ où $\hat{\beta} = 3\,\mathrm{ps}^2/\mathrm{km}$.

(ii) Les deux gains sont clairement plus petits pour le gain à $\hat{\beta} = 2\,\mathrm{ps}^2/\mathrm{km}$. [Fig. 2.9(b1), 2.9(b2)]

En d'autres termes le gain des bandes latérales du premier ordre de la fluctuation de dispersion augmente de manière monotone à mesure que $\hat{\beta}$ s'approche de $\hat{\beta} = 2\,\mathrm{ps}^2/\mathrm{km}$, qui est donc de fait, le point critique (associé au maximum de gain) prédit précédemment par l'ASL. Une caractéristique importante de ce point critique réside dans le fait que dans la région voisine du point critique la fréquence de modulation présente une plage d'accordabilité non négligeable, dans laquelle le gain reste considérablement élevé. Cette caractéristique procure donc une certaine flexibilité pour la génération des BLNC à la fréquence que l'on désire sur une plage d'accordabilité d'environ 6 THz autour du point critique, comme illustré sur la Fig. 2.11.

Les Figs. 2.11(a) et 2.11(b) démontrent la génération des BLNC (de premier ordre), respectivement aux fréquences de modulation de $\Omega \simeq 5\mathrm{THz}$ et $\Omega \simeq 8\mathrm{THz}$, par le choix suivant de paramètres de système ($\hat{\beta} = 1.98\,\mathrm{ps}^2/\mathrm{km}$, $\beta_{\mathrm{av}} = 0.2\,\mathrm{ps}^2/\mathrm{km}$) et ($\hat{\beta} = 2.0\,\mathrm{ps}^2/\mathrm{km}$, $\beta_{\mathrm{av}} = 0.07\,\mathrm{ps}^2/\mathrm{km}$). La Fig. 2.11(a) correspond à un jeu de paramètre proche du point critique et la Fig. 2.11(b) correspond au point critique. Dans les deux cas, les bandes latérales sont réparties symétriquement de chaque coté de la fréquence de pompe mais avec une intensité légèrement plus grande dans la partie Stokes du spectre (vers les basses fréquences).Cette différence d'intensité est due à la diffusion Raman stimulée.

Ici, il est important de noter que nous n'avons pas décrit l'influence de la longueur de la période de dispersion sur les BLNC, simplement parce que la variation de ce paramètre n'a aucun effet significatif sur le gain d'IM (en comparaison avec les effets d'une variation de β_{av}). La seule caractéristique significative que nous avons observée, mais que nous n'avons pas représentée graphiquement ici, est un léger écartement de fréquence entre deux BLNC adjacentes (d'ordre n et $n+1$) lorsque l'on varie de Z_d. Cet écart de fréquence décroît pour des valeurs de Z_d de plus en plus grandes. La valeur $Z_d = 30\,\mathrm{m}$ choisie précédemment correspond à une situation où les fréquences des BL sont suffisamment éloignées les unes des autres de façon à pouvoir être clairement séparées.

D'autre part, jusqu'à présent nous avons analysé le comportement critique dans la région correspondant à $\hat{\beta}_c = 2\,\mathrm{ps^2/km}$. En fait notre système admet une famille de points critiques qui correspond à differentes fréquences de modulation comme l'illustre le tableau 1, qui montre quelques points critiques dans la region suivante $1\,\mathrm{ps^2/km} \leq \tilde{\beta}_c \leq 5\,\mathrm{ps^2/km}$. Ce tableau montre les caractéristiques générales suivantes :

Table 1 :région des paramètres critiques.

$\hat{\beta}_c$	$G(\hat{\beta}_{cl})$	$G(\hat{\beta}_c)$	$G(\hat{\beta}_{cr})$	Ω_{cl}	Ω_c	Ω_{cr}	β_{avl}	β_{avc}	β_{avr}
	$[dB/km]$	$[dB/km]$	$[dB/km]$	$[THz]$	$[THz]$	$[THz]$	$[ps^2/km]$	$[ps^2/km]$	$[ps^2/km]$
1	43.83	46.54	41.83	7.04	11.36	6.02	0.10	0.04	0.14
2	43.83	46.55	41.83	4.98	8.46	4.26	0.20	0.07	0.28
3	43.83	46.56	41.83	4.01	6.78	3.48	0.30	0.11	0.42
4	43.83	46.58	41.83	3.52	5.79	3.01	0.41	0.15	0.56
5	43.83	46.59	41.83	3.14	5.14	2.69	0.50	0.19	0.69

(i) Chaque point critique $(\hat{\beta}_c, \beta_{\mathrm{avc}})$ est obtenu en utilisant deux types de fibre ayant respectivement des coefficients de dispersion de $\beta_- = 0$ et $\beta_+ > 0$ (à la fréquence de pompe), et en optimisant la dispersion moyenne de manière à atteindre le maximum de gain.

(ii) Les fréquences des bandes latérales Ω_c augmentent pour des valeurs de plus en plus petites de $(\hat{\beta}_c, \beta_{\mathrm{avc}})$.

(iii) Pour un jeu de paramètres donnés $(\hat{\beta}_c, \beta_{\mathrm{avc}})$, l'accroissement du gain d'IM n'est pas strictement limité au point critique. Autour du point critique la région des grands gains s'étend sur une plage allant de $\hat{\beta}_{cl} \sim 90\% \hat{\beta}_c$ à $\hat{\beta}_{cr} \sim 110\% \hat{\beta}_c$. La dispersion moyenne correspondant s'étend de β_{avc} à approximativement $\beta_{\mathrm{avl}} \approx 3\beta_{\mathrm{avc}}$ $(\beta_{\mathrm{avr}} \approx 3\beta_{\mathrm{avc}})$ de part et d'autre du point critique, alors que la fréquence de modulation varie de Ω_c à $\Omega_{cl} \approx 0.6\Omega_c$ $(\Omega_{cr} \approx 0.6\Omega_c)$ à gauche (droite) du point critique.

2.5 Conclusion

Dans ce chapitre nous avons établi l'existence d'un comportement critique dans le spectre d'instabilité modulationnelle relatif à la propagation des ondes dans les systèmes à fibres à variation périodique de dispersion. Ce comportement critique se manifeste par un accroissement spectaculaire de l'intensité des bandes latérales non conventionnelles, qui sont induites par la fluctuation de dispersion du second ordre. Nous avons développé une procédure permettant de concevoir facilement les systèmes fonctionnant dans le régime critique. Le calcul des paramètres du système résulte d'une procédure d'optimisation basée sur deux paramètres, à savoir, la dispersion moyenne du système (β_{av}) et la dispersion centrale $(\hat{\beta})$, qui est la valeur moyenne des coefficients de dispersion des deux types de fibre de la carte de dispersion. Notre procédure d'optimisation nécessite l'emploi de deux fibres standard et ayant respectivement des coefficients de dispersion, $\beta_- = 0$ et $\beta_+ > 0$. Le choix de β_+ (qui équivaut à choisir $\hat{\beta}$) détermine la fréquence des bandes latérales sur une plage d'accordabilité d'environ 10THz.

Ensuite un accord minutieux de la dispersion moyenne (à travers un choix approprié des longueurs des segments de fibre de la carte de dispersion) est suffisant pour identifier le point de fonctionnement optimum du système pour la génération des bandes latérales non conventionnelles. Notre système de fibre à variation périodique de dispersion et à fonctionnement dans la région critique a plusieurs avantages par rapport aux systèmes à fibres conventionnelles, à savoir : un gain d'instabilité modulationnelle considérablement élevé sur une grande plage d'accordabilité de fréquence des bandes latérales et la disponibilité de règles simples pour concevoir et optimiser le système. Du point de vue des applications pratiques dans le domaine des communications optiques, la valeur quantitative du gain d'instabilité modulationnelle et la taille de la plage d'accordabilité de fréquence des bandes latérales ne sont pas les seuls facteurs d'intérêt. Des facteurs supplémentaires tels que la contrainte de coût, la complexité de la conception du système et la disponibilité technologique, deviennent actuellement des facteurs clés, qui détermineront la pertinence des systèmes d'instabilité modulationnelle dans le futur. Les technologies actuelles utilisent les fibres à cristaux photonique [39, 40], permettent d'obtenir des grandes plages d'accordabilités des bandes latérales mais la conception de ce type de fibre reste encore relativement complexe et leurs performances sont encore très sensibles aux fluctuations de paramètres de fibre (profil d'indice, diamètre de coeur, etc) [41]. Dans ce contexte, notre système de fibre, qui utilise des fibres conventionnelles gérées en dispersion, tout en admettant des régions de paramètres à gain très élevé, constitue à notre avis une excellente méthode pour observer des bandes latérales non conventionnelles avec un dispositif relativement simple et peu coûteux.

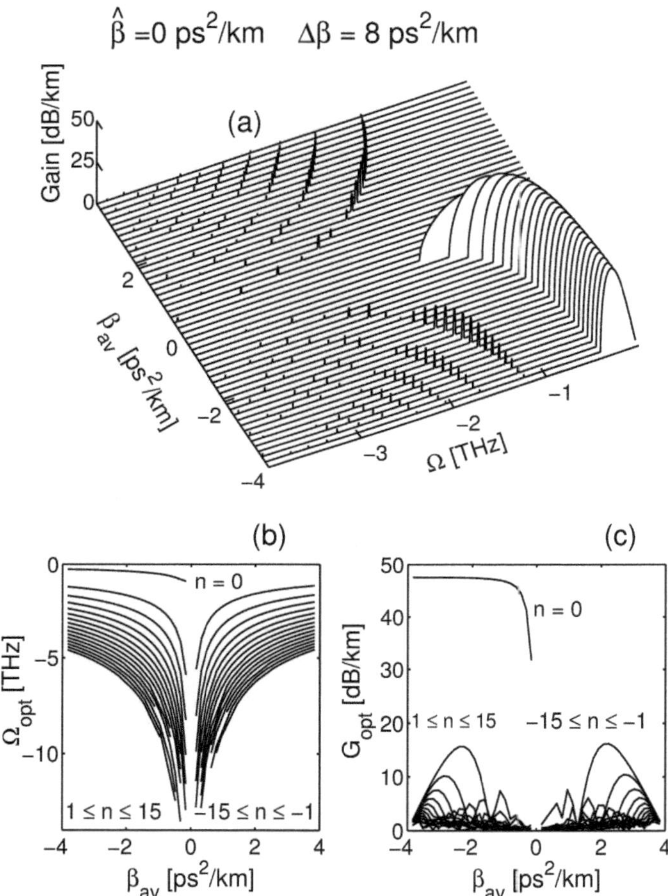

FIGURE 2.4 Gain d'IM en fonction de la dispersion moyenne β_{av}, obtenu à partir de l'ASL, pour les mêmes paramètres que ceux de la Fig. 2.3 mais avec $\Delta\beta = 8\,\mathrm{ps}^2/\mathrm{km}$ et $\beta_+ = 4\,\mathrm{ps}^2/\mathrm{km}$. (a) : Spectre de gain. (b) : Fréquence de modulation optimum. (c) : Gain optimum.

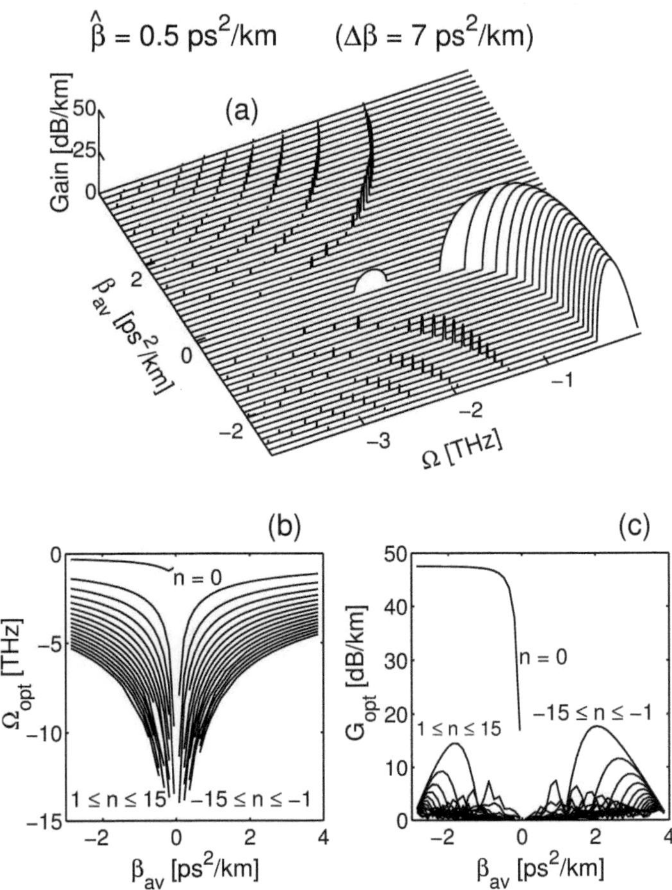

FIGURE 2.5 Gain d'IM en fonction de la dispersion moyenne β_{av}, obtenu à partir de l'ASL, pour $\hat{\beta} = 0.5\,\mathrm{ps}^2/\mathrm{km}$, $\Delta\beta = 7\,\mathrm{ps}^2/\mathrm{km}$, $\beta_+ = 4\,\mathrm{ps}^2/\mathrm{km}$, et $Z_\mathrm{d} = 30\,\mathrm{m}$. (a) : Spectre de gain. (b) : Fréquence de modulation optimum. (c) : Gain optimum.

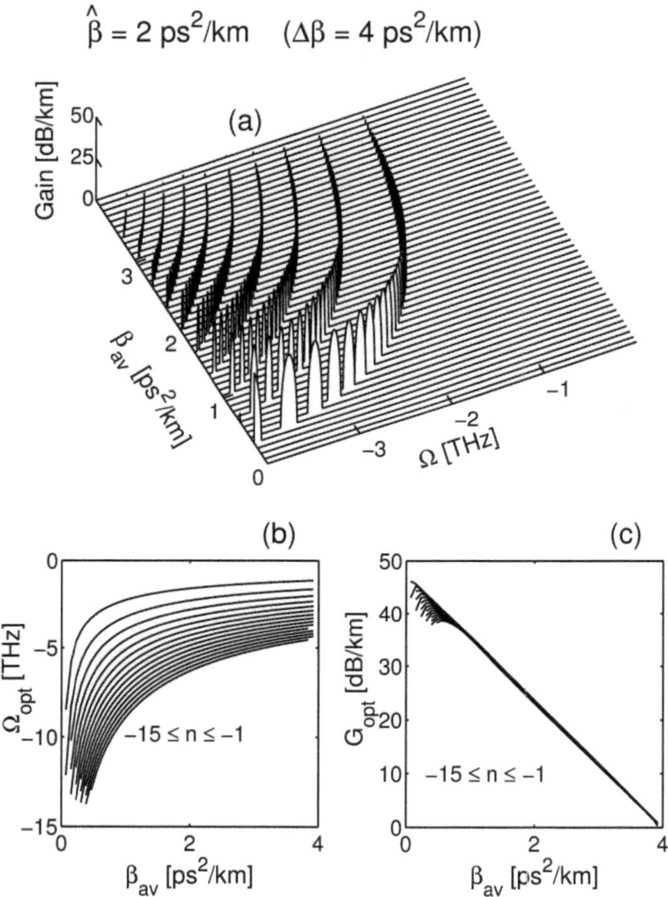

FIGURE 2.6 Gain d'IM en fonction de la dispersion moyenne β_{av}, obtenu à partir de l'ASL, pour les mêmes paramètres que ceux de la Fig. 2.5 mais avec $\hat{\beta} = 2\,\mathrm{ps}^2/\mathrm{km}$ et $\Delta\beta = 4\,\mathrm{ps}^2/\mathrm{km}$. (a) : Spectre de gain. (b) : Fréquence de modulation optimum. (c) : Gain optimum.

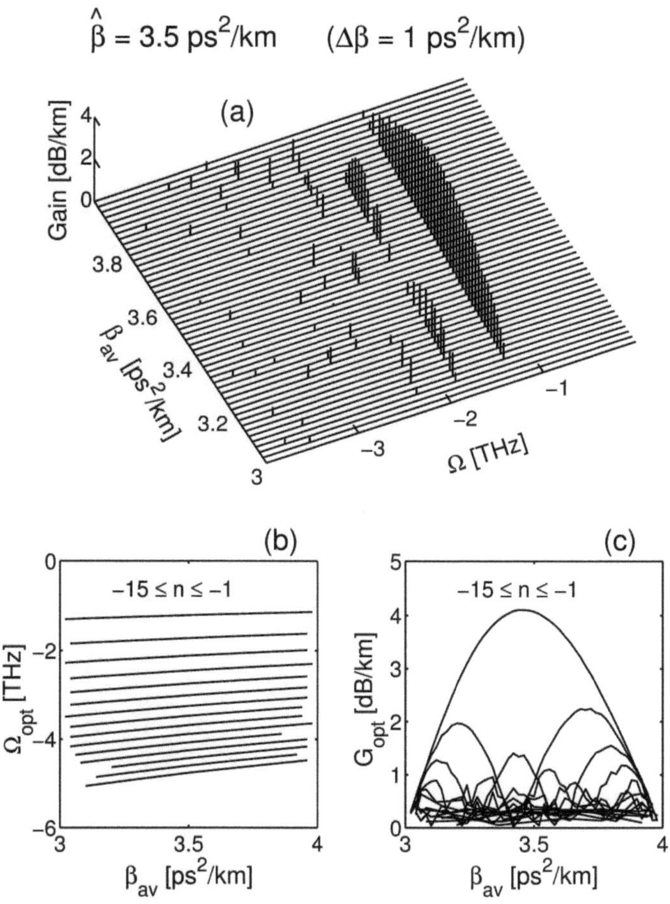

FIGURE 2.7 Gain d'IM en fonction de la dispersion moyenne β_{av}, obtenu à partir de l'ASL, pour les mêmes paramètres que ceux de la Fig. 2.5 mais avec $\hat{\beta} = 3.5\,\mathrm{ps}^2/\mathrm{km}$ et $\Delta\beta = 1\,\mathrm{ps}^2/\mathrm{km}$. (a) : Spectre de gain. (b) : Fréquence de modulation optimum. (c) : Gain optimum.

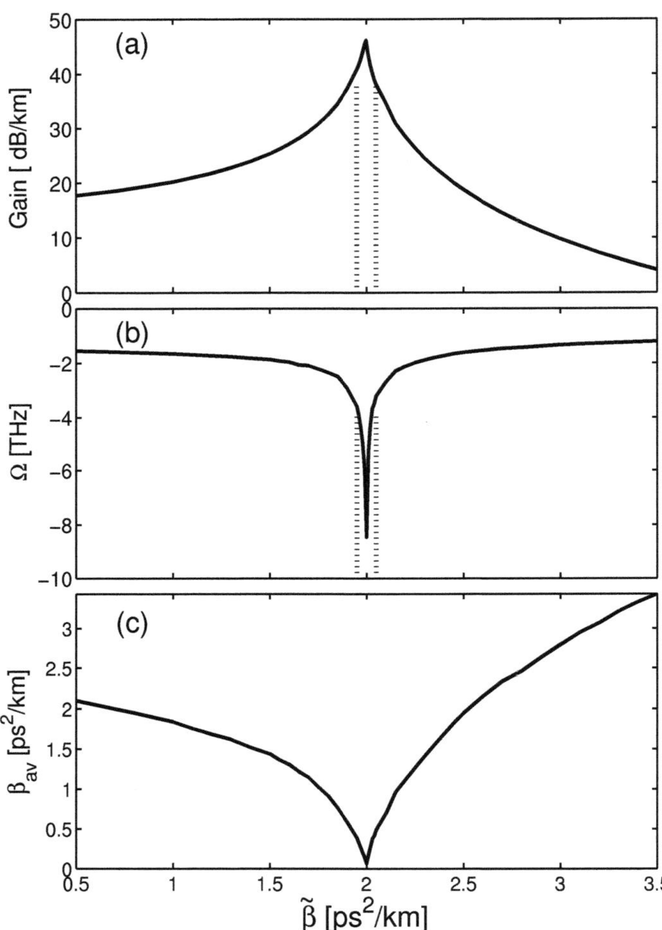

FIGURE 2.8 Résultats d'IM obtenu à partir de l'ASL (a) : Gain optimum, (b) : Fréquence de modulation optimum et (c) : Dispersion moyenne optimum en fonction de la dispersion centrale $\hat{\beta}$.

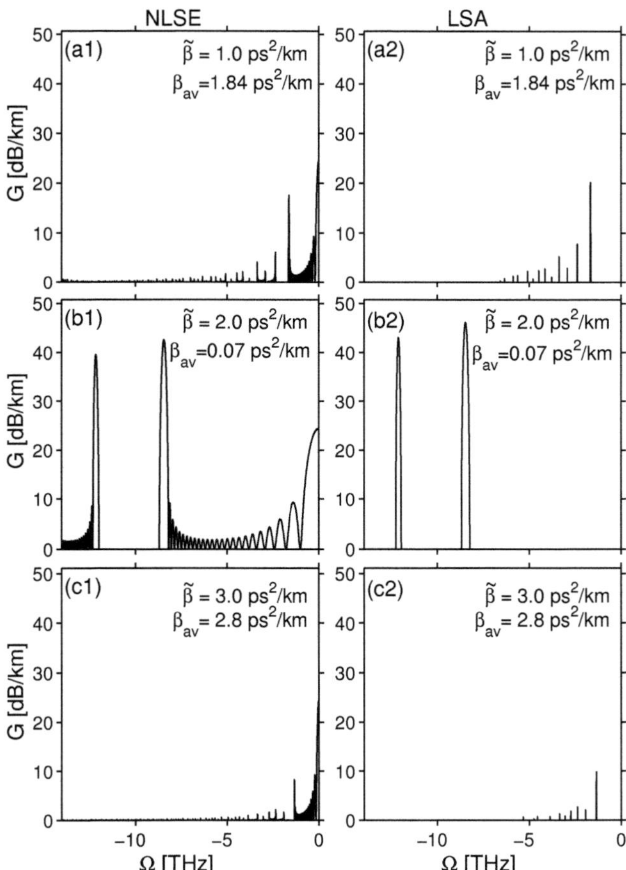

FIGURE 2.9 Spectres de gain d'IM. Les figures [(a1), (b1) et (c1)] sont obtenues à partir de l'ESNL. Les figures [(a2), (b2) and (c2)] sont obtenues à partir de l'ASL. $Z_d = 30\,\mathrm{m}$, $\beta_+ = 4\,\mathrm{ps^2/km}$. $L_T = 25Z_d$.

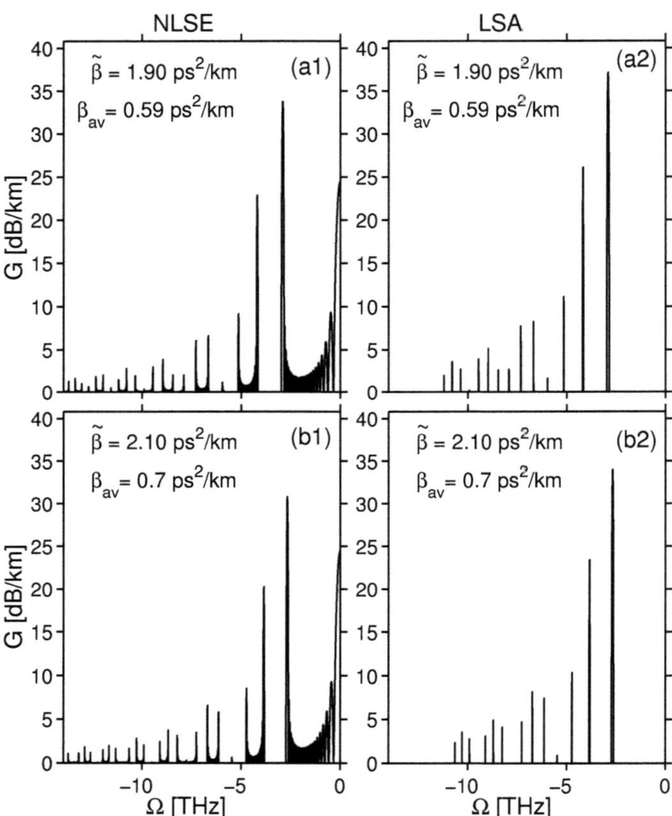

FIGURE 2.10 Spectres de gain d'IM. Les figures[(a1) et (b1)] sont obtenues à partir de l'ESNL. Les figures [(a2)et (b2)] sont obtenues à partir de l'ASL. $Z_d = 30\,\text{m}$, $\beta_+ = 4\,\text{ps}^2/\text{km}$. Distance de propagation $L_T = 25Z_d$.

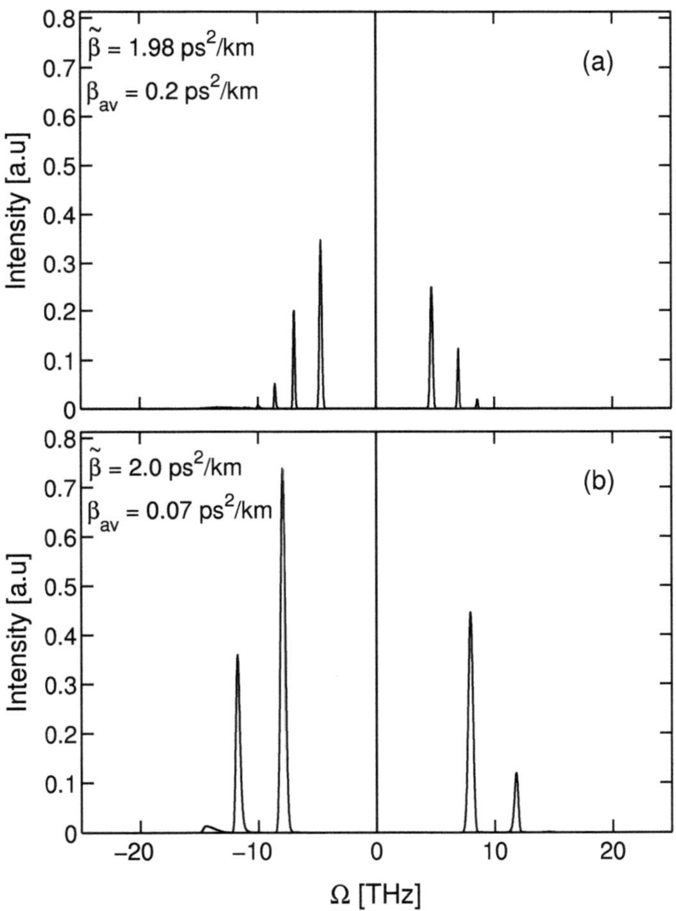

FIGURE 2.11 Spectres de gain d'IM. Les figures (a) et (b) sont obtenues à partir de l'ESNL. $Z_d = 30\,\text{m}$, $\beta_+ = 4\,\text{ps}^2/\text{km}$. $\rho = 0.36$. Distance de propagation $L_T = 10Z_d$.

Chapitre 3

Optimisation de l'IM par la méthode des fibres gérées en dispersion

3.1 Introduction

Dans les systèmes optiques modernes, il existe une variété de processus physiques possédant à la fois un intérêt fondamental et des applications pratiques. Un exemple de ce type de processus physique est l'Instabilité Modulationnelle (IM) dans un système de fibre optique. Rappelons qu'il s'agit d'un phénomène dans lequel les ondes continues ou quasi continues subissent une modulation d'amplitude ou de phase en présence du bruit ou de petites perturbations [16, 13, 58, 51, 59, 46]. Lorsque l' IM est utilisée dans des applications pratiques (telles que la génération de trains d'impulsions lumineuses ultra brèves [13, 58]) l'expression précise de la fréquence de modulation optimale (FMO), définit comme la fréquence à laquelle le gain de l'IM atteint sa valeur maximale, devient plutôt cruciale ; spécialement pour une prédiction exacte et un contrôle fin des fréquences des bandes latérales. Des études antérieures sur le processus d'Instabilité Modulationnelle dans le cas d'une fibre optique conventionnelle (FC), ont permis d'établir les expressions caractéristiques de l'IM scalaire [16] :

71

$$\Omega_{IF} = \sqrt{\frac{2\gamma P}{|\beta|}}, \quad G_{IF} = |\beta|\Omega\sqrt{\frac{4\gamma P}{|\beta|} - \Omega^2}; \tag{3.1}$$

où Ω_{IF} est la FMO et G_{IF} repésente le spectre de gain. Ici, γ est le coefficient non li-néaire, P est la puissance de l'onde pompe, et β la dispersion chromatique de second ordre. A ce stade, nous souhaitons insister sur les points suivants : La formule (3.1), qui est ob-tenue à partir de l'analyse de stabilité linéaire (ASL) standard, basée sur l'approximation de la pompe non depeuplée correspond en fait au processus d'IM scalaire dans une fibre idéale sans perte soumise à une puissance de pompe P. Les équations (3.1) peuvent néan-moins s'appliquer aux fibres de longueur suffisamment courte pour que, les effets de pertes puissent être négligeables. C'est pour cette raison que, les études antérieures sur l'IM dans les fibres conventionnelles ont pour caractéristiques communes d'utiliser des fibres de courtes longueurs, ce qui permet d'obtenir des fréquences d'IM qui soient en accord avec les pré-dictions de l'ASL. Mais, l'utilisation de fibres de courtes longueurs (de l'ordre de quelques mètres ou quelques dizaines de mètres) revient à sacrifier le gain d'IM. En effet, le processus d'IM exige une longueur minimale de fibre, pour se développer de manière significative, et il existe une longueur optimale de fibre L_{opt} pour laquelle le gain cumulé est maximal. Or, les systèmes existants, opèrent loin de ces conditions optimales de génération de l'IM scalaire, parce que la gestion des effets de pertes est complètement ignorée dans la conception du système.

Dans ce chapitre, nous montrons que, si on laisse les ondes de pompe se propager sur une distance correspondant à la longueur optimale d'une fibre standard (comportant des pertes et une dispersion constante), il est possible d'obtenir le maximum de gain cumulé disponible, mais dans le même temps, les bandes latérales subissent une dérive en fréquence causée par les pertes de la fibre.

Bien plus, nous proposons une méthode originale de suppression de la dérive en fréquence des bandes latérales dans les processus d'IM scalaire utilisant de grandes longueurs de fibre. Cette méthode est basée sur l'utilisation des fibres à gestion de dispersion dense et à dispersion moyenne décroissante, qui permet de générer des bandes latérales dans les conditions optimales d'IM avec le maximum de gain cumulé disponible dans le système, ainsi qu'une suppression totale de la dérive en fréquence des bandes latérales.

3.2 Modèle général

Ici, nous examinons l'IM scalaire dans une fibre monomode pouvant être décrite par l'équation de Schrödinger non linéaire qui suit :

$$\frac{\partial q}{\partial z} + (i/2)\beta\frac{\partial^2 q}{\partial t^2} - i\gamma|q|^2 q = -(\alpha/2)q \tag{3.2}$$

avec

$$\beta = \beta_{av} + \tilde{\beta}(z), \tag{3.3}$$

où α est le paramètre de perte, $q(z,t)$ est l'enveloppe lentement variable du champ électrique, z est la position dans la fibre, t représente le temps ; β_{av} et $\tilde{\beta}$ représentent respectivement la valeur moyenne et la partie fluctuante de la dispersion. Pour faciliter certaines comparaisons à venir, nous allons d'abord examiner l'IM scalaire dans les systèmes conventionnels :

3.2.1 IM dans une fibre idéale (FI)

Pour une fibre idéale : $\alpha = 0$, $\beta = cte$, l'ESNL (3.2) se met sous la forme suivante :

$$\frac{\partial q}{\partial z} + \frac{i}{2}\beta\frac{\partial^2 q}{\partial t^2} - i\gamma|q|^2 q = 0. \tag{3.4}$$

Nous allons rappeler ici brièvement les grandes lignes de l'analyse de l'IM dans ce système. Ici, l'IM peut être examinée par l'ASL de l'onde continue q_s solution stationnaire de l'équation (3.4) :

à t=0,

$$\frac{\partial q}{\partial z} - i\gamma |q|^2 q = 0 \tag{3.5}$$

ce qui revient à

$$q_s(z) = \sqrt{P_0}\, e^{(i\gamma P_0 z)}. \tag{3.6}$$

L'ASL de la solution stationnaire est examinée en introduisant un champ perturbé de la forme :

$$q(z,t) = [\sqrt{P_0} + p(z,t)]e^{(i\gamma P_0 z)}, \tag{3.7}$$

où $|p(z,t)|^2 << P_0$. On prend pour la perturbation $p(z,t)$ l'expression ci-dessous, avec un décalage de fréquence Ω par rapport à l'onde de pompe ;

$$p(z,t) = a(z,-\Omega)e^{-i\Omega t} + a(z,\Omega)e^{i\Omega t}, \tag{3.8}$$

où $a(z,-\Omega)$ et $a(z,\Omega)$ sont les amplitudes complexes de la perturbation correspondant respectivement aux ondes anti Stokes et Stokes. En substituant l'expression du champ perturbé (3.7) dans l'équation (3.4), nous obtenons le système suivant pour le champ perturbé :

$$\frac{\partial}{\partial t}\begin{bmatrix} a(z,\Omega) \\ a(z,-\Omega) \end{bmatrix} = iM_0 \begin{bmatrix} a(z,\Omega) \\ a(z,-\Omega) \end{bmatrix} \tag{3.9}$$

où

$$M_0 = M_0(\beta) = \begin{bmatrix} \frac{1}{2}(\beta\Omega^2 + \gamma P_0) & \gamma P_0 \\ -\gamma P_0 & -\frac{1}{2}(\beta\Omega^2 + \gamma P_0) \end{bmatrix} \tag{3.10}$$

est la matrice de stabilité du système. L'équation de dispersion issue du déterminant de la matrice de stabilité nous donne le nombre d'onde de la perturbation.

$$k_0^2 - \frac{1}{4}(\beta\Omega^2 + \gamma P_0)^2 + (\gamma P_0)^2 = 0 \tag{3.11}$$

c'est- à -dire

$$k_0 = \sqrt{(\frac{1}{2}\beta\Omega^2 + \gamma P_0)^2 - (\gamma P_0)^2}, \tag{3.12}$$

la condition de stabilité linéaire est

$$k = i\sqrt{\gamma^2 p_0^2 - (\gamma P_0 + \frac{1}{2}\beta\Omega^2)^2},$$ (3.13)

et la formule du gain est

$$G(x) = 2I_m(k) = 2\sqrt{\gamma^2 p_0^2 - (\gamma p_0 + \frac{1}{2}\beta\Omega^2)^2},$$ (3.14)

à partir duquel nous pouvons déduire le gain d'IM :

$$G_0(\Omega) = 2\sqrt{(\gamma P_0)^2 - (\gamma P_0 + \frac{\beta\Omega^2}{2})^2}$$ (3.15)

En résolvant l'équation

$$\frac{\partial G_0^2(\Omega)}{\partial\Omega} = 0,$$ (3.16)

on obtient la fréquence de modulation optimale pour un système idéal sans perte :

$$\Omega_{opt} = \sqrt{-\frac{2\gamma P_0}{\beta}}.$$ (3.17)

La formule (3.17) montre que l'IM scalaire n'est possible qu'en régime de dispersion anormale ($\beta < 0$). Par ailleurs, à partir des formules (3.15) et (3.17) on obtient l'expression du gain (local) optimum pour une fibre idéale :

$$G_{opt} = G(\gamma_o pt) = 2\gamma P_0.$$ (3.18)

Cette formule montre que le gain local ne dépend pas de la coordonnée de propagation z. Ceci implique que dans une fibre idéale, le gain cumulé qui est par définition l'intégration du gain local est sur la distance de propagation z :

$$\tilde{G}(\Omega) \equiv \int_0^L G(z,\Omega)dz = G_0(\Omega)L,$$ (3.19)

augmente linéairement et sans limite avec la distance L. La figure (3.1) représente un spectre typique de gain d'IM scalaire dans une fibre idéale de paramètres ($\alpha = 0$, $\beta = -10\ ps^2/km$, $\gamma = 0.002\ m^{-1}W^{-1}$). On peut clairement observer que la FMO se situe à $\Omega_{opt} = 50\ GHz$. Le second point important à noter est un bon accord entre l'ASL et la résolution numérique de l'ESNL, aussi bien dans la représentation du spectre de gain que dans la prédiction de la fréquence de modulation optimum.

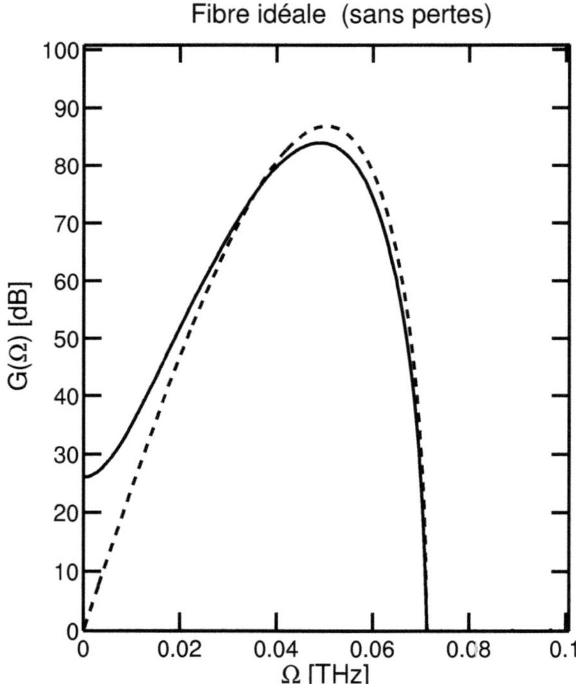

FIGURE 3.1 <u>Spectre de Gain obtenu par l'ASL (en pointillés), et par résolution numérique de l'ESNL (en trait plein) jusqu'à une distance $z = 30\ km$.</u>

D'autre part il est utile de rappeler ici, que tout processus d'IM requiert une distance

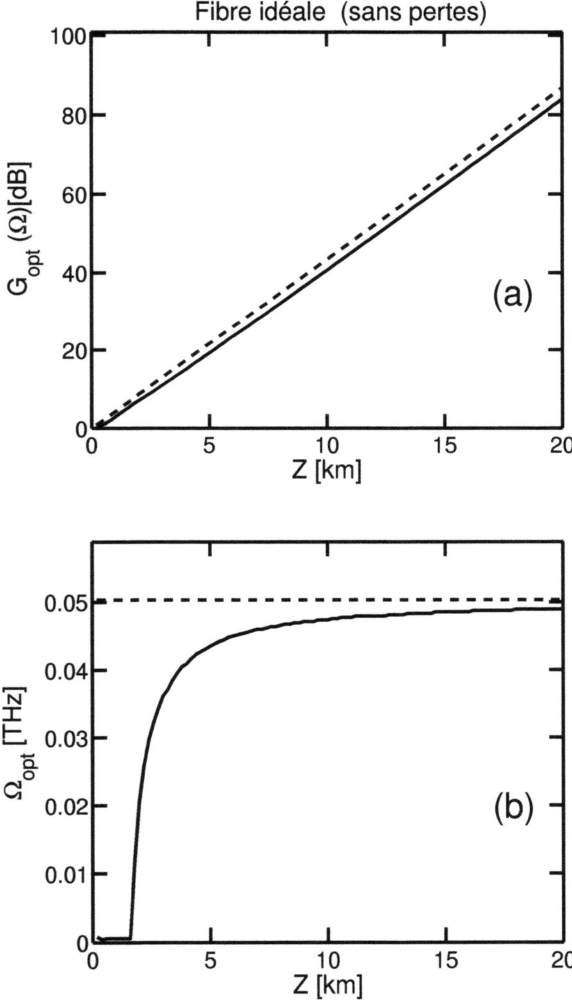

FIGURE 3.2 (a) : Gain optimum et (b) : FMO en fonction de la distance $Z = 20$ km ; obtenus par ASL (en pointillés), et par résolution numérique de l'ESNL (entrait plein)

minimale de propagation pour se développer de manière significative. Cet aspect du phénomène d'IM est clairement illustré dans les figures 3.2(a) et 3.2(b), qui montre respectivement
l'évolution de la valeur optimum du gain cumulé $\tilde{G}_{opt}$ et la FMO, en fonction de la distance de
propagation. En particulier, on peut remarquer dans la figure 3.2(b) un régime transitoire en
début de propagation, au cours duquel la FMO augmente progressivement jusqu'à atteindre
sa valeur définitive située aux environs de $0.05\ THz$.

D'autre part, dans la fibre idéale, le fait que le gain cumulé $\tilde{G}_{opt}$ augmente linéairement en
fonction de la distance [comme l'illustre la figure 3.2(a)], n'est possible que sur une distance
correspondant à la première phase du processus d'IM, dans laquelle le transfert d'énergie
vers les bandes latérales est encore relativement modéré. Au delà de cette première phase, la
pompe devrait se dépeupler fortement au profit des bandes latérales, qui peuvent à leur tour
se comporter comme des pompes et générer d'autres bandes latérales. En d'autres termes
le comportement de la fibre idéale s'écarte de la réalité des phénomènes à mesure que la
distance de propagation augmente.

3.2.2 IM dans une fibre conventionnelle (ou standard)

Dans une fibre conventionnelle (FC), $\alpha \neq 0$, $\beta(z) = cte = \beta$, l'ESNL 3.2 devient :

$$\frac{\partial q}{\partial z} + i\frac{\beta}{2}\frac{\partial^2 q}{\partial t^2} - i\gamma|q|^2 q = -\frac{\alpha}{2}q. \tag{3.20}$$

En effectuant le changement de variable $u(z,t) = q(z,t)e^{\alpha z/2}$. Cette équation devient

$$\frac{\partial u}{\partial z} + i\beta\frac{\partial^2 u}{\partial t^2} - i\gamma f(z)|u|^2 u = 0 \tag{3.21}$$

où $f(z) = e^{-\alpha z}$. L'équation (3.21) est formellement analogue à l'équation 3.4 à la seule exception que le terme constant γ est remplacé par $\gamma f(z)$.

Par conséquent, la matrice de stabilité de la FC s'obtient à partir de celle d'une FI en remplaçant simplement γ par $\gamma f(z)$ dans la formule (3.10). Nous obtenons alors

$$M_{FC} = \begin{bmatrix} \frac{1}{2}\beta\Omega^2 + \gamma P_0 e^{-\alpha z} & \gamma P_0 e^{-\alpha z} \\ -\gamma P_0 e^{-\alpha z} & -\frac{1}{2}\beta\Omega^2 - \gamma P_0 e^{-\alpha z} \end{bmatrix}. \tag{3.22}$$

l'équation d'onde devient

$$k^2 = (\frac{1}{2}\beta\Omega^2 + \gamma P_0 e^{-\alpha z})^2 - (\gamma P_0 e^{-\alpha z})^2. \tag{3.23}$$

De la même manière, le gain intantané s'obtient aisément à partir de celui d'une fibre idéale (3.15) en remplaçant γ par $\gamma f(z)$. On obtient alors :

$$G_{FC}(z, \Omega) = |\beta|\Omega^2\sqrt{\frac{\Omega_c^2}{\Omega^2}e^{-\alpha z} - 1} \tag{3.24}$$

où $\Omega_c^2 = 4\gamma P_0/|\beta_2|$. L'expression du gain local (3.24) met en lumière deux points importants en début de propagation, les pertes jouent un rôle négligeable ($e^{-\alpha z} \approx 1$), et le gain G_{FC} est alors maximum. Mais à mesure que les ondes se propagent, les pertes entrent progressivement en jeu, et amoindrissent le gain local, jusqu'à l'annnuler complètement à une distance critique

$$z_c = \frac{\alpha}{2}ln(\frac{\Omega_c}{\Omega}). \tag{3.25}$$

Au delà de cette distance, la puissance de pompe n'est plus suffisante pour entretenir l'IM. Le second point important à souligner réside dans le fait que la puissance des bandes latérales générées à une fréquence donnée ne dépend pas directement du gain local, mais plutôt du gain cumulé. Le gain local relatif au champ effective q s'obtient à partir du gain local relatif au champ u en ajoutant le terme $-\alpha$:

$$g_{FC}(\Omega, z) = -\alpha + G_{FC}(\Omega, z) \tag{3.26}$$

Le gain cumulé s'obtient par intégration du gain local sur la distance de propagation L.

$$\tilde{G}_{FC}(\Omega, L) = -\alpha L + \int_0^L G_{FC}(z, \Omega)dz = -\alpha L + \int_0^L |\beta|\Omega^2\sqrt{\frac{\Omega_c^2}{\Omega^2}e^{-\alpha z} - 1}\,dz \tag{3.27}$$

Pour résoudre cette intégrale, quelques manipulations algébriques sont nécessaires. En particulier on peut remarquer que

$$\int_0^L \sqrt{\xi e^{-\alpha z} - 1}\,dz = \int_0^L \frac{\sqrt{\xi e^{-\alpha z}}}{\sqrt{\xi e^{-\alpha z} - 1}}dz - \int_0^L \frac{1}{\sqrt{\xi e^{-\alpha z} - 1}}dz \tag{3.28}$$

avec $\xi = \Omega_c^2/\Omega^2$. En utilisant les changements de variable

$$x^2 = \xi e^{-\alpha z};\ dz = -\frac{2}{\alpha x}dx,$$

puis

$$y^2 + 1 = x^2;\ dx = \frac{y}{\sqrt{y^2 + 1}}dy$$

nous pouvons résoudre l'intégrale

$$\int \frac{1}{\sqrt{\xi e^{-\alpha z} - 1}}dz = -2/\alpha \int \frac{dy}{y^2 + 1} = -2/\alpha \arctan(y) = -2/\alpha \arctan(\sqrt{\xi e^{-\alpha z} - 1}). \tag{3.29}$$

En définitive l'expression du gain cumulé s'écrit :

$$\tilde{G}_{FC}(L, \Omega) = -\alpha L + \frac{2|\beta|\Omega^2}{\alpha}\left[\sqrt{\xi - 1} - \sqrt{\xi e^{-\alpha L} - 1} + \arctan(\sqrt{\xi e^{-\alpha L} - 1}) - \arctan(\sqrt{\xi - 1})\right] \tag{3.30}$$

En réalité nous devons distinguer deux valeurs du gain cumulé selon que $L < z_c$ ou $L > z_c$.

(i). pour $L \geq z_c$, l'intégrale de G_{FC} ne s'étend que sur l'intervalle $[0, z_c]$ et nous obtenons

$$\tilde{G}_{FC}(\Omega, L) = -\alpha L + \frac{2|\beta|\Omega^2}{\alpha}[\sqrt{\xi - 1} - \arctan(\sqrt{\xi - 1})] \qquad (3.31)$$

(ii). pour $L \leq z_c$, l'intégrale s'étend sur toute la distance de propagation $[0, L]$ et conduit à la formule (3.30), que l'on peut mettre sous la forme suivante :

$$\tilde{G}_{FC}(L, \Omega) = -\alpha L + \frac{2|\beta|\Omega^2}{\alpha}[\eta_1 - arctan(\frac{\eta_1}{\eta_2})] \qquad (3.32)$$

où

$$\begin{cases} \eta_1 = W(\Omega, 0) - W(\Omega, L) \\ \eta_2 = 1 - W(\Omega, 0)W(\Omega, L) \\ z_c = \frac{2}{\alpha}ln(\frac{\Omega_c}{\Omega}) \end{cases} \qquad (3.33)$$

avec

$$W(\Omega, L) = \sqrt{\frac{\Omega_c^2}{\Omega^2}e^{-\alpha L} - 1}.$$

Avec le gain cumulé $\tilde{G}_{FC}(\Omega, L)$, nous pouvons déterminer la FMO :

a) cas $L \geq z_c$.

En résolvant l'équation :

$$\frac{\partial}{\partial \Omega}\tilde{G}_{FC}(\Omega, L) = 0, \qquad (3.34)$$

nous aboutissons à l'équation :

$$\sqrt{\rho - 1} - 2arctan(\sqrt{\rho - 1}) = 0,$$

que l'on peut mettre sous la forme

$$\theta - 2arctan(\theta) = 0, \ \theta = \sqrt{\xi - 1},$$

et donc la solution s'écrit

$$\theta = 2.331122.$$

Comme

$$\theta = \sqrt{\frac{\Omega_c^2}{\Omega^2} - 1} = 2.331122,$$

nous déduisons pour $L \geq z_c$

$$\Omega_{opt} = 0,394\Omega_c. \tag{3.35}$$

b) cas $L < z_c$.

L'équation

$$\frac{\partial}{\partial \Omega} G_{FC}(L, \Omega) = 0 \tag{3.36}$$

conduit, après quelques manipulations algébriques et plusieurs simplifications, à l'équation suivante :

$$e^{-\alpha L}(\xi - 1) - 1 = 0, \tag{3.37}$$

qui admet la solution :

$$\Omega = \frac{\Omega_c}{\sqrt{2 + \alpha L}}. \tag{3.38}$$

Un développement en série de Taylor au premier ordre conduit à

$$\Omega \approx \frac{\Omega_c}{\sqrt{2}}[1 - \frac{\alpha L}{4}] \tag{3.39}$$

A partir des équations (3.35) et (3.38), nous avons donc obtenu les expressions suivantes de la FMO pour le système de FC :

* pour $L < z_c$

$$\Omega_{opt} = -0.168\Omega_c \alpha L + \Omega_c/\sqrt{2} \tag{3.40}$$

* pour $L > z_c$

$$\Omega_{opt} = 0.394\Omega_c. \tag{3.41}$$

La figure (3.3), illustre le spectre de gain cumulé de l'IM dans une fibre conventionnelle, obtenu pour $\beta_2 = -10\ ps^2/km$, $\alpha = 0.2\ dB/km$ et $\gamma = 0.002\ m^{-1}W^{-1}$, après une distance de propagation de $z = 30\ km$. La puissance initiale de la pompe est fixée à $P = 250\ mW$. La FC considérée ici, possède les mêmes paramètres de dispersion et de non linéarité que celle de la fibre idéale considérée précédement. La seule différence entre ces deux types de fibre réside dans le coefficient d'absorption, qui est non nul pour la FI. Par ailleurs, dans la figure (3.3) nous avons choisi la même distance de propagation que dans le cas de la FC représentée dans la fig. (3.1) et la même puissance initiale de pompe, afin de faciliter la comparaison entre le processus d'IM dans ces deux types de fibre. Ainsi, la comparaison de spectres de gain cumulé des figures (3.1) et (3.3) révèle une différence très nette de fréquence de modulation optimale, qui s'établit à $\Omega_{opt} \approx 30 \, GHz$ dans la FC alors qu'elle est de $50 \, GHz$ dans la fibre idéale. Cette différence est la conséquence directe et exclusive de l'effet d'atténuation dans la FC, qui provoque une dérive des bandes latérales vers les basses fréquences à mesure que l'onde de pompe se propage dans la FC.

Pour avoir un meilleur aperçu de l'ampleur des effets d'atténuation, il nous a paru utile de nous focaliser uniquement sur la fréquence optimum de modulation. Car en pratique, c'est uniquement à cette fréquence que sont générées les bandes latérales (et non dans la totalité du spectre de gain). Ainsi, à partir des spectres de gain cumulé, nous avons systématiquement enrégistré le gain optimum et la fréquence correspondante à chaque côte z. Le résultat de cette opération est visible dans les figures (3.4)(a) et (3.4(b)), qui montrent respectivement l'évolution du gain cumulé optimum $\tilde{G}_{opt}$ et la fréquence de modulation optimale correspondante Ω_{opt}, en fonction de la distance de propagation z. La figure 3.4(a) montre un effet majeur du phénomène d'atténuation, à savoir, la saturation du gain cumulé. Alors que la fibre idéale donnerait lieu à un gain cumulé qui augmente linéairement (et sans limite) avec la distance de propagation, la figure (3.4(a)) montre que les pertes imposent une limite supérieure dans le gain cumulé. Le maximum de gain cumulé disponible dans ce système est atteint au bout d'une distance $L_{opt} \approx 40 \, km$ qui correspond à la longueur optimum de fibre qu'il faudrait utiliser pour obtenir un système performant. Or, à notre connaissance, la plupart des dispositifs utilisés jusqu'à présent ne fonctionnent pas dans les conditions optimales. D'autre part, il convient de mentionner que le phénomène de saturation de gain cumulé est inévitable, car il existe une limite théorique proche de $0.2 \, dB/km$, en dessous de laquelle on ne peut pas baisser le coefficient d'atténuation des fibres de silice.

En revanche, la FMO exécute une déviation indésirable vers les basses fréquences, comme le montre la fig. (3.4(b)). Fondamentalement, la dérive en fréquence des bandes latérales s'explique par la dépendance de la FMO vis à vis du rapport $P/|\beta|$. Dans une fibre à dispersion constante, le rapport $P/|\beta|$ décroît avec la distance, ce qui provoque une décroissance de la FMO. D'autre part, une observation plus attentive de la figure 3.4(b) révèle que la dérive en fréquence s'effectue d'abord violemment en début de propagation, avant d'évoluer progressivement vers un état quasi-stationnaire. Ce comportement traduit l'existence de deux régimes dynamiques pour les bandes latérales, comme le prédisent également les formules (3.40) et (3.41), obtenues à partir de l'ASL. Le premier est le régime non piégé ($L < Z_c$), qui commence dès que la pompe commence à se propager, dans lequel les fréquences des bandes latérales dérivent continuellement vers la fréquence de pompe. Dans ce régime, les photons qui sont initialement en situation d'accord de phase cessent de l'être au fur et à mesure que la pompe se propage. Au contraire, les photons situés dans la partie basse du spectre de gain, qui sont initialement en désaccord de phase, se retrouvent progressivement en situation d'accord de phase au cours de la propagation (en raison de la baisse de puissance de pompe, suite à l'absorption dans la fibre), ce qui provoque un décalage progressif de la fréquence des bandes latérales vers la fréquence de pompe [comme l'illustre l'équation (3.40)].

Ainsi donc, à mesure que la pompe se propage dans le régime non piégé, la contribution non linéaire au désaccord de phase ($2\gamma P_0 e^{-\alpha z}$) se réduit progressivement en raison des pertes. Cela provoque finalement l'entrée dans un régime piégé ($L > Z_c$) dans lequel la vitesse de la dérive de fréquence tombe quasiment à zéro. Le régime piégé prend place à partir de la distance $z = z_c$ à laquelle le phénomène d'IM est complètement étouffé par les effets des pertes, c'est-à-dire, la distance à partir de laquelle il se détruit plus de photons par les pertes qu'il ne s'en crée par l'IM. Ainsi donc, les pertes induisent dans une fibre conventionnelle une dérive de fréquence des bandes latérales d'IM, qui rend le système difficilement contrôlable.

Nous verrons dans les prochaines sections de ce chapitre que l'on peut supprimer cette dérive en fréquence des bandes latérales par l'emploi de fibres convenablement gérées en dispersion.

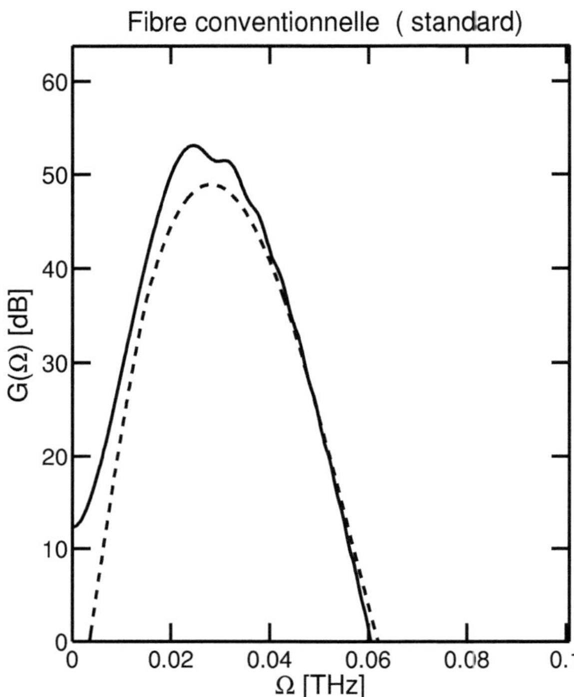

FIGURE 3.3 Gain en fonction de la fréquence Ω; obtenu par l'ASL (en pointillés)et par résolution numérique (en trait plein) de l'ESNL, pour une puissance initiale de 250 mW

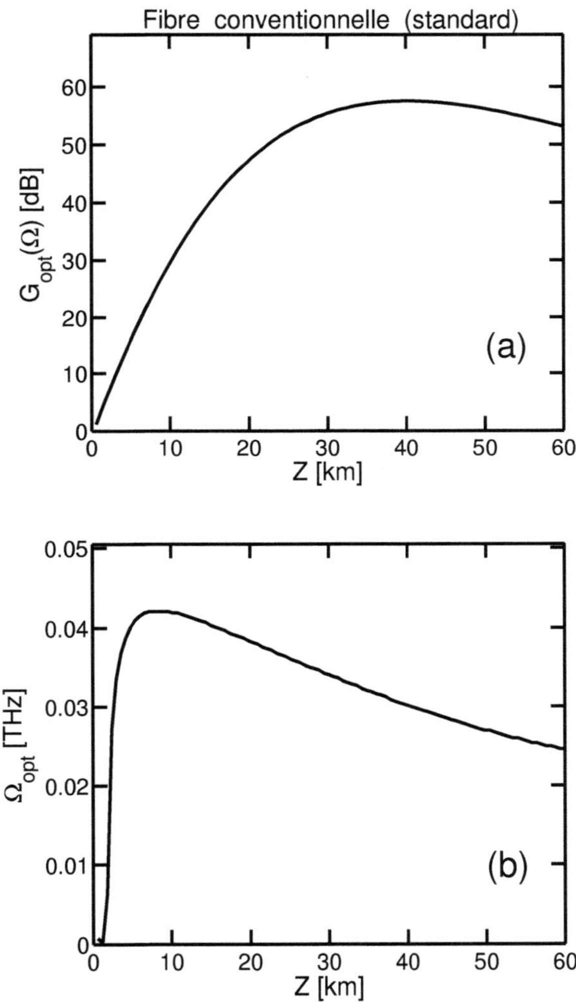

FIGURE 3.4 (a) : Gain optimum et (b) : FMO en fonction de la distance $Z = 60\ km$; obtenu par résolution numérique de l'ESNL.

3.2.3   IM dans une fibre à dispersion décroissante (DDF)

Dans une fibre à dispersion décroissante, que nous appellerons *fibre DDF* (Disperion decreasing fiber), on a : $\alpha \neq 0$, $\beta(z) = \beta_0 e^{-\alpha z}$, l'équation de SNL devient :

$$\frac{\partial q}{\partial z} + \frac{i}{2}\beta(z)\frac{\partial^2 q}{\partial t^2} - i\gamma|q|^2 q = \frac{-\alpha}{2}q. \tag{3.42}$$

En posant $q = u(z,t)e^{-\frac{\alpha}{2}z}$, nous obtenons :

$$\frac{\partial u}{\partial z} + \frac{i}{2}\beta(z)\frac{\partial^2 q}{\partial t^2} - i\gamma f(z)|u|^2 u = 0. \tag{3.43}$$

où

$$f(z) = e^{-\alpha z}.$$

La solution stationnaire perturbée s'écrit :

$$u(z,t) = [\sqrt{P_0} + a(z,t)]\exp{(-i\gamma P_0 z_{eff})}, \tag{3.44}$$

où

$$z_{eff} = (1 - e^{-\alpha z})/\alpha,$$

avec l'ansatz modulationnel :

$$a(z,t) = a(z,\Omega)e^{i\Omega t} + a(z,-\Omega)e^{-i\Omega t}.$$

La matrice de stabilité du système s'écrit alors :

$$M_{DDF} = \begin{bmatrix} (\frac{1}{2}\beta(z)\Omega^2 + \gamma P_0)e^{-\alpha z} & \gamma P_0 e^{-\alpha z}, \\ -\gamma P_0 e^{-\alpha z} & (-\frac{1}{2}\beta(z)\Omega^2 - \gamma P_0)e^{-\alpha z} \end{bmatrix}, \tag{3.45}$$

que l'on peut mettre sous la forme suivante :

$$M_{DDF} = e^{-\alpha z}\begin{bmatrix} \frac{1}{2}\beta_0\Omega^2 + \gamma P_0 & \gamma P_0 \\ -\gamma P_0 & -(\frac{1}{2}\beta_0\Omega^2 + \gamma P_0) \end{bmatrix} = M_0(\beta_0)e^{-\alpha z}, \tag{3.46}$$

où $M_0(\beta_0)$ est la matrice de stabilité d'une fibre idéale de dispersion β_0. Le nombre d'onde de la perturbation, qui s'écrit :

$$k = 2\sqrt{(\gamma P_0)^2 - (\frac{\beta_0 \Omega^2}{2} + \gamma P_0)^2}, \qquad (3.47)$$

fournit le spectre du gain, que nous pouvons mettre sous la forme suivante

$$G_{DDF}(z, \Omega) = e^{-\alpha z} G_0(\Omega, \beta_0). \qquad (3.48)$$

Ici le terme

$$G_0(\Omega, \beta_0) = 2\sqrt{(\gamma P_0)^2 - (\gamma P_0 + \frac{\beta_0 \Omega^2}{2})^2} \qquad (3.49)$$

représente le gain d'IM pour une fibre idéale de dispersion β_0. Ces formules mettent en lumière des points importants : le gain décroît exponentiellement avec la distance, ce qui contribue à limiter la croissance des bandes latérales. Mais la fréquence des bandes latérales n'est pas modifiée au cours de la propagation et reste verrouillée à sa valeur initiale,

$$\Omega_{opt} = \sqrt{\frac{-2\gamma P_0}{\beta_0}}, \qquad (3.50)$$

qui est formellement identique à celle de la fibre idéale de dispersion β_0. La fibre à dispersion exponentiellement décroissante permet donc de supprimer la dérive en fréquence des bandes latérales d'un processus d'IM scalaire. Par rapport au champ électrique effectif dans la fibre q, le gain cumulé sur la longueur L du système s'écrit :

$$\tilde{G}_{DDF} = \int_0^L G_{DDF}(\Omega_{opt}, z)dz - \alpha L = G_{DDF}(\Omega_{opt}, 0)L_{eff} - \alpha L \qquad (3.51)$$

où $L_{eff} = \frac{1-e^{-\alpha L}}{\alpha}$. La longueur optimale de la DDF, définie comme étant la longueur du système pour laquelle le gain cumulé atteint son maximum, s'obtient aisément à partir de la formule (3.51) :

$$L_{opt} = \frac{1}{\alpha} log[\frac{G_{DDF}(\Omega_{opt}, 0)}{\alpha}]. \qquad (3.52)$$

Le seul inconvénient de la DDF réside dans sa dispersion exponentiellement décroissante, qui est extrêmement difficile à réaliser en pratique. Pour résoudre cette difficulté, nous avons opté pour l'emploi de fibres à gestion de dispersion et à dispersion moyenne décroissante.

3.3   IM dans les fibres à gestion de dispersion et à dispersion moyenne décroissante (A3DMF)

Nous avons vu dans la section précédente que les fibres à dispersion exponentiellement décroissante permettent en principe de supprimer la dérive en fréquence des bandes latérales. Mais en pratique, pour contourner cette difficulté nous proposons l'emploi d'un système de fibres à gestion de la dispersion comportant seulement deux types de fibres dont les coefficients de dispersion sont respectivement de signes positif et négatif, dans lequel on peut facilement varier la dispersion moyenne des différents motifs élémentaires de dispersion en variant simplement les longueurs des deux types de segments de fibre dans chaque motif de dispersion. Ainsi donc, pour contre-balancer l'effet de la décroissance de la pompe (due aux pertes) nous utilisons un système à gestion de dispersion qualifié de système A3DMF(Average-Dispersion-Decreasing Dispersion-Managed Fibers), dans lequel la dispersion moyenne décroît (par paliers) d'un motif de dispersion à l'autre de manière à suivre la décroissance de la puissance de pompe mais de façon discrète. Le système A3DMF est schématiquement représenté dans la figure (3.5), où la ligne horizontale en pointillés indique la dispersion moyenne.

Pour concevoir ce système, nous utilisons deux types de fibres de dispersion positive et négative, notées respectivement β_+ et β_-. Les motifs élémentaires de dispersion sont numérotés de 1 à N. La longueur du segment de fibre à dispersion normale du motif n est notée L_{n+} alors que celle du segment à dispersion anormale est notée L_{n-}. La même longueur de motif Z_d est imposée pour tous les motifs :

$$L_{n+} + L_{n-} = Z_d \; pour \; tout \; n \tag{3.53}$$

Ainsi donc, en choisissant une dispersion moyenne β_{av1} pour le premier motif, et une longueur désirée Z_d, nous obtenons facilement les longueurs des segments de fibre pour tous les motifs

$$L_{1-} = \frac{(\beta_+ - \beta_{av1})Z_d}{\Delta\beta} \tag{3.54}$$

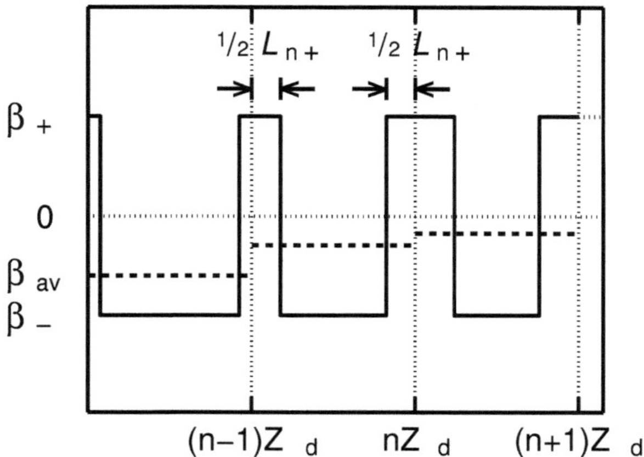

FIGURE 3.5 Représentation schématique du profil de dispersion du système de fibre A3DMF

$$\Delta\beta = \beta_+ - \beta_-$$

$$L_{n-} = \frac{Z_d}{\Delta\beta}[\beta_+ - \beta_{av1}e^{(-\sum_{j=1}^{n-1} A_j)}] \tag{3.55}$$

$$L_{n+} = Z_d - L_{n-}, \ n = 2, 3, \ldots\ldots, N,$$

où

$$A_j = \alpha_+ L_{j+} + \alpha_- L_{j-}$$

Les paramètres d'un système A3DMF sont les suivants : $\alpha \neq 0$, $\beta(z) = \beta_{av}(z) + \tilde{\beta}(z)$, $\rho = 0$.
L'ESNL devient après transformation :

$$\frac{\partial u}{\partial z} + \frac{i}{2}\beta(z)\frac{\partial^2 u}{\partial t^2} - i\gamma e^{-\alpha z}|u|^2 u = 0 \tag{3.56}$$

avec

$$\beta(z) = \beta_{av}(z) + \tilde{\beta}(z).$$

Après développement, nous obtenons le système suivant :

$$\begin{cases} \frac{\partial}{\partial z}a(z,\Omega) = -i\frac{\Omega^2}{2}(\beta_{av}(z) + \tilde{\beta}(z))a(z,\Omega) + i\gamma P_0 f(z)[a(z,\Omega) + a(z,-\Omega)] \\ \frac{\partial}{\partial z}a(z,-\Omega) = i\frac{\Omega^2}{2}(\beta_{av}(z) + \tilde{\beta}(z))a(z,-\Omega) + i\gamma P_0 f(z)[a(z,-\Omega) + a(z,\Omega)] \end{cases} \quad (3.57)$$

Pour éliminer les oscillations rapides induites par la fluctuation de dispersion, nous utilisons la transformation suivante :

$$b(z,\Omega) = a(z,\Omega)e^{\frac{i}{2}\Omega^2 \int_0^z \tilde{\beta}(z')dz'} \quad (3.58)$$

Ce qui conduit à :

$$\begin{cases} \frac{\partial}{\partial z}b(z,\Omega) = \frac{i}{2}\Omega^2\beta_{av}(z)b(z,\Omega) + i\gamma P_0 f(z)[b(z,\Omega) + g(z)b(z,-\Omega)] \\ \frac{\partial}{\partial z}b(z,-\Omega) = \frac{i}{2}\Omega^2\beta_{av}(z)b(z,-\Omega) + i\gamma P_0 f(z)[b(z,-\Omega) + g(z)b(z,\Omega)] \end{cases} \quad (3.59)$$

avec

$$g(z) = e^{-i\Omega^2 \int_0^z \tilde{\beta}(z')dz'} \quad (3.60)$$

En imposant

$$\beta_{av}(z) = \beta_{av1}e^{-\alpha z} = \beta_{av1}f(z),$$

avec $f(z) = e^{-\alpha z}$, la matrice de stabilité se met sous la forme suivante :

$$M_{A3DMF} = f(z)\begin{bmatrix} \frac{1}{2}\beta_{av}(z)\Omega^2 + \gamma P_0 f(z) & g(z)\gamma P_0 \\ -g^*(z)\gamma P_0 & -(\frac{1}{2}\Omega^2\beta_{av}(z) + \gamma P_0 f(z)) \end{bmatrix} = M_{FI}f(z), \quad (3.61)$$

qui devient par la suite

$$M_{A3DMF} = f(z)\begin{bmatrix} \frac{1}{2}\beta_{av1}\Omega^2 + \gamma P_0 & \gamma P_0 \\ -\gamma P_0 & -(\frac{1}{2}\Omega^2\beta_{av1} + \gamma P_0) \end{bmatrix} = M_{FI}f(z), \quad (3.62)$$

où la matrice M_{FI} : est la matrice de stabilité d'une fibre idéale de dispersion β_{av1}. Les valeurs propres de la matrice de stabilité déterminent le nombre d'onde de la perurbation k, qui fournit le spectre du gain

$$G_{A3DMF}(z,\Omega) = 2Im(k) = f(z)G_{FI}(\Omega) \quad (3.63)$$

où

$$G_{FI}(\Omega) = |\beta_{av1}|\Omega\sqrt{\frac{4\gamma P_0}{|\beta_{av1}|} - \Omega^2} \tag{3.64}$$

coincide avec le spectre de gain d'une fibre idéale (sans pertes) de dispersion β_{av1} et de puissance d'entrée P_0. Un point remarquable de l'équation (3.63) est l'absence de bande latérale non conventionnelle (qui résultent en principe d'une variation périodique des paramètres du système). Ces bandes latérales sont supprimées par la non périodicité de la fluctuation de dispersion, qui résulte de la périodicité des différents motifs de dispersion (qui diffèrent entre eux par leurs longueurs de segments de fibres L_{n+} et L_{n-}). La formule (3.64) montre que la FMO à toute distance de propagation z est alors égale à

$$\Omega_{opt} = \sqrt{\frac{2\gamma P_0}{|\beta_{av1}|}}, \tag{3.65}$$

qui est la FMO à l'entrée du système. L'équivalence entre la fibre A3DMF et la fibre DDF est ainsi démontrée. Par rapport au champ électrique effectif (non normalisé), le gain total cumulé sur une distance L est :

$$\tilde{G}_{A3DMF} = \int_0^L G_{A3DMF}(z, \Omega_{opt})dz - \alpha L = G_{FI}(\Omega)L_{eff} - \alpha L, \tag{3.66}$$

où $L_{eff} = \frac{1}{\alpha}(1 - e^{-\alpha L})$. La longueur optimale s'obtient en résolvant l'équation suivante :

$$\frac{\partial}{\partial L}\tilde{G}_{A3DMF} = 0, \tag{3.67}$$

qui conduit à :

$$L_{opt} = \frac{1}{\alpha}ln[\frac{G_{FI}(0, \Omega_{opt})}{\alpha}]. \tag{3.68}$$

3.4 Analyse comparative

: A ce stade, il est utile de procéder à une comparaison directe des différents systèmes étudiés, afin d'en déduire le plus performant, c'est à dire le système dont les résultats se rapprochent le plus de ceux d'une fibre idéale. A cette fin, nous avons utilisé les paramètres suivants :

- fibre idéale (FI) ($\beta = -10 \ ps^2/km, \ \alpha = 0$),

- fibre conventionnelle (CF) ($\beta = -10 \ ps^2/km, \ \alpha = 0.2 \ dB/km$),

- système A3DMF [$\beta_{av}(z) = \beta_{av1}e^{-\alpha z}$, $\beta_{av1} = -10 \ ps^2/km$, $\beta_+ = -\beta_- = 20 \ ps^2/km$, $\alpha = 0.2 \ dB/km$].

Le même coefficient non-linéaire $\gamma = 0.002 \ m^{-1}W^{-1}$ est pris pour les trois fibres. La figure (3.6) montre un spectre de gain (local) typique d'IM après propagation sur une distance de 30 km, obtenu à partir de nos formules analytiques. Pour $z = 30 \ km$, on peut clairement observer que la fréquence de modulation optimum du système A3DMF est quasiment la même que celle de la fibre idéale (50 GHz), alors que celle de la FC se situe à (35 GHz).

La figure (3.7) montre l'évolution du gain cumulé en fonction de la distance. Cette figure fait apparaitre trois points majeurs :

(i) Dans la fibre conventionnelle, le gain atteint sa valeur maximum à la distance $L_{opt} \approx$ 33.5 km [voir FIG.3.7(b1)], mais à cette distance la dérive en fréquence des bandes latérales conduit à une FMO de $\Omega_{opt,CF} \approx 30 \ GHz$, alors que la FMO pour la fibre idéale est de $\Omega_{opt,FI} = 50 \ GHz$ [comme le montre la figure 3.7(a1)]

(ii) Le système A3DMF supprime complètement la dérive en fréquence des bandes latérales $\Omega_{opt,A3DMF} = \Omega_{opt,FI}$ et fournit un gain supérieur à celui du système conventionnel, comme le montre la figure 3.7(b1).

(iii) Nos formules analytiques basées sur l'ASL sont remarquablement bien confirmées par la résolution numérique de l'ESNL.

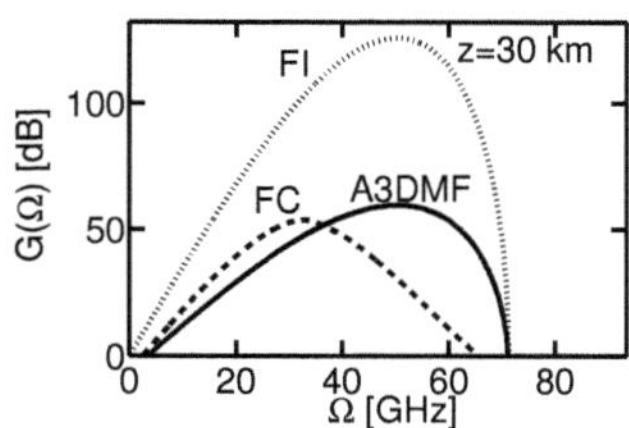

FIGURE 3.6 <u>Spectre de gain cumulé pour une distance $L = 30\ km$</u>

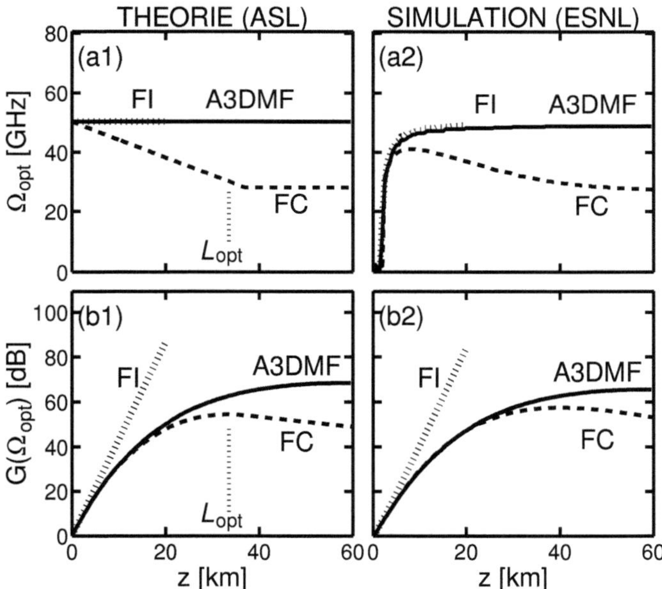

FIGURE 3.7 <u>(a1)</u> :FMO en fonction de la longueur L. <u>(b1)</u> :Gain cumulé en fonction de la longueur L. (a2)-(b2)représentent les résultats des simulations numériques de l'équation <u>SNL(2)</u>

3.5   Conclusion

Pour conclure, nous avons démontré que le système $A3DMF$ permet de supprimer la dérive en fréquence des bandes latérales induites par les pertes dans les spectres d'IM et en plus fournit un gain optimum supérieur à celui des fibres conventionnelles.

L'avantage majeur du système $A3DMF$ sur la fibre à dispersion exponentiellement décroissante est la disponibilité technologique qui permet de concevoir facilement le système A3DMF avec des fibres commercialement disponibles.

L'aptitude du système A3DMF à générer des ondes à des fréquences stables et parfaitement contrôlées, est une propriété très recherchée pour des applications pratiques telles que la génération des trains d'impulsions à haute cadence pour les systèmes de communications optiques à haut débit.

Chapitre 4

Gestion des effets de perte dans les spectres d'I.M. de polarisation

4.1   Introduction

Comme nous l'avons mentionné dans le chapitre précédent, l'IM dans les fibres optiques est un processus physique ayant un intérêt fondamental et des applications pratiques dans différents systèmes optiques [16, 13, 29, 58, 51, 59, 46, 60, 61, 62, 63, 64]. Lorsque l'IM est utilisée à des fins d'applications (telle que la génération de trains d'impulsions à haute cadence), trois paramètres caractéristiques de ce phénomène deviennent particulièrement importants pour la performance du système, à savoir : le gain maximum disponible pour l'amplification des bandes latérales, la fréquence optimum de modulation, et la longueur optimum du système de fibre. En effet, le processus d'IM requiert un minimum de distance de propagation pour se développer de manière significative. Autrement dit, l'importance des bandes latérales générées par l'IM ne dépend pas uniquement du facteur de gain local (mesuré en m^{-1} ou en dB/km) mais aussi de la distance totale de propagation de l'onde de pompe. En pratique, on peut prédire de façon pertinente l'importance des bandes latérales à l'aide d'un seul facteur, que nous appellerons *gain cumulé*, qui est défini comme l'intégration de tous les facteurs de gain et perte agissant sur les bandes latérales sur la distance totale de propagation. Les facteurs de gain incluent non seulement le gain d'IM mais aussi les gains des autres processus physiques éventuellement présents dans la fibre (tels que la diffusion Raman). Parmi les facteurs de perte figure le facteur d'atténuation dans les fibres de silice (qui résulte essentiellement de l'absorption du matériau et la diffusion Rayleigh), qui est de l'ordre de $0.2\,dB/km$ à $1.55\,\mu m$, et qui augmente de plusieurs ordres de grandeur dans le visible. Les pertes peuvent aussi provenir des processus du second ordre. En effet, au-delà d'un certain niveau de gain cumulé, les bandes latérales peuvent se comporter comme des ondes pompes et donner naissance à leurs propres bandes latérales. Il est donc clair que dans une première section de la fibre ce sont les facteurs de gains qui sont prédominants, et qui permettent alors de créer et de faire croître les bandes latérales à partir du bruit quantique. Mais, à mesure que l'onde pompe se propage les effets liés aux facteurs de gain décroissent progressivement alors qu'au contraire, les effets liés aux facteurs de pertes augmentent. Au bout d'une certaine distance de propagation, définie comme étant la longueur optimale de la fibre, les effets liés aux pertes deviennent aussi importants que ceux liés aux facteurs de gain. A partir de cette distance, le gain cumulé cesse de croître, et les facteurs de pertes deviennent dominants et pénalisants pour les performances du système. D'autre part, les facteurs de perte ont comme conséquence indirecte de modifier la contribution de la non linéarité dans la condition d'accord de phase, qui est la condition de création des photons des bandes latérales. En d'autres termes, les photons qui sont initialement en accord de phase en début de propagation ne le sont plus nécessairement tout au long de la propagation, ce qui entraîne inévitablement dans un système de fibre conventionnel, une dérive continuelle de la fréquence des bandes latérales au cours de la propagation.

Ainsi, les effets de perte dans un processus d'IM ont deux conséquences majeures sur les processus d'IM : elles imposent une limite haute pour le gain cumulé (disponible) pour l'amplification des bandes latérales, et provoque une dérive (indésirable) de la fréquence des bandes latérales. Dans le chapitre précédent nous avons démontré la possibilité de supprimer la dérive en fréquence induite par les pertes sur les bandes latérales d'un processus d'IM scalaire [43]. Dans ce processus, l'accord de phase résulte d'une compensation entre l'auto modulation de phase et la dispersion d'ordre 2. La technique de suppression présentée dans le chapitre précédent consiste à faire décroître exponentiellement la valeur absolue de la dispersion le long de la fibre, d'une proportion équivalente à la décroissante de puissance induite par les pertes [43]. Cela permet d'éviter, au cours de la propagation, une modification des poids respectifs de la dispersion et de la non linéarité dans la relation d'accord de phase.

Cependant, les travaux présentés dans le chapitre précédent se restreignent au cas de l'IM scalaire [43]. Dès lors la question survient quant à l'applicabilité de la méthode proposée dans le cas de l'IM scalaire aux autres types d'instabilités modulationnelles. En effet, lorsque plusieurs modes du champ électromagnétique sont simultanément présents dans la fibre (par exemple : ondes pompes de fréquences différentes, composantes de polarisation dans une fibre biréfringente, ou modes d'ordre supérieur dans une fibre multimode), la phénoménologie de l'IM devient plus élaborée et requiert une description vectorielle sous la forme des équations de Schrödinger nonlinéaires couplées. On distingue deux grands types de phénomènes d'IM vectorielle :

(i) Le premier correspond au cas où l'accord de phase du processus de mélange à quatre ondes associé à l'IM ne requiert pas la contribution non-linéaire des vecteurs d'onde. Par exemple, l'accord de phase peut être obtenu par une simple compensation entre la dispersion chromatique et la différence d'indice linéaire (biréfringence) de deux ondes orthogonalement polarisées selon les axes de biréfringence de la fibre [65, 31, 32]. On peut aussi obtenir l'accord de phase au travers d'une compensation de la dispersion chromatique par la dispersion intermodale [66]. L'absence d'un rôle significatif de la non-linéarité rend ce type de système insensible aux effets de perte.

(ii) Bien au contraire, dans la deuxième catégorie d'IM vectorielle, la nonlinéarité entre en jeu dans l'accord de phase [67, 65, 68, 69]. Par exemple, dans le cas d'une fibre bimodale à dispersion normale, il existe une longueur d'onde critique pour laquelle les vitesses de groupe des ondes LP_{01} et LP_{02} deviennent identiques [68]. Au voisinage de cette longueur d'onde, l'accord de phase résulte essentiellement de la compensation entre la dispersion et la non-linéarité. Une situation analogue de dépendance non-linéaire de la condition d'accord de phase se retrouve dans une fibre fortement biréfringente soumise à deux ondes de pompe, de fréquences différentes, polarisées respectivement selon les axes lent et rapide de la fibre [67]. Dans ce système, il existe un écart de fréquence critique entre les deux ondes de pompe, pour lequel les vitesses de groupe des deux ondes de pompe deviennent identiques, ce qui minimise la contribution de la biréfringence dans l'accord de phase. D'autre part, il existe un processus d'IM vectorielle dans lequel les effets de la biréfringence et de la non-linéarité sont pratiquement inévitable, à savoir, le processus d'IM de polarisation [60, 61, 63]. Dans ce processus, l'onde de pompe est injectée suivant un des axes de biréfringence de la fibre, et les bandes latérales d'IM sont générées sur l'autre axe de biréfringence [60, 61, 63]. Ainsi donc, on peut s'attendre à ce que les systèmes mentionnés ci-dessus comme conduisant à des processus d'IM vectorielle avec un rôle majeur de la non-linéarité dans les conditions d'accord de phase, soient sensibles aux effets de perte dans les fibres.

Dans ce chapitre, nous examinons les effets de perte sur l'IM de polarisation, choisie comme exemple type de processus d'IM vectorielle très sensible à la non-linéarité. Nous démontrons la suppression de la dérive en fréquence induite par les pertes, par une technique de gestion de la dispersion associée à une gestion de la biréfringence le long du système.

La suite de ce chapitre est organisée de la manière suivante : Dans la section 2 nous présentons une analyse comparative de l'instabilité modulationnelle de polarisation (IMP) dans différents systèmes de fibre, avant de détailler notre méthode de suppression de la dérive en fréquence des bandes latérales dans les spectres d'IMP. Nous concluons ce chapitre dans la section 3.

4.2 Modèle général

La propagation de deux ondes de même fréquence, de polarisations orthogonales, parallèles aux axes de biréfringence d'une fibre faiblement biréfringente et dissipative, est gouvernée par un système de deux équations de Schrödinger non linéaires couplées (ESNLC), que l'on peut mettre sous la forme suivante :

$$\frac{\partial A_p}{\partial z} - \frac{\delta}{2}\frac{\partial A_p}{\partial \tau} - \frac{i\Delta k}{2}A_p + \frac{i\beta_2}{2}\frac{\partial^2 A_p}{\partial \tau^2} = -\frac{\alpha}{2}A_p + i\gamma[(|A_p|^2 + \frac{2}{3}|A_q|^2)A_p + \frac{1}{3}A_q^2 A_p^*] \quad (4.1a)$$

$$\frac{\partial A_q}{\partial z} + \frac{\delta}{2}\frac{\partial A_q}{\partial \tau} + \frac{i\Delta k}{2}A_q + \frac{i\beta_2}{2}\frac{\partial^2 A_q}{\partial \tau^2} = -\frac{\alpha}{2}A_q + i\gamma[(|A_q|^2 + \frac{2}{3}|A_p|^2)A_q + \frac{1}{3}A_p^2 A_q^*] \quad (4.1b)$$

où les indices p et q désignent respectivement les axes rapide et lent de la fibre. α est le coefficient d'atténuation de la fibre, qui est supposé indépendant de la polarisation. $\delta = \frac{1}{v_{gq}} - \frac{1}{v_{gp}}$ représente le désaccord de vitesse de groupe, qui dépend de la biréfringence intrinsèque de la fibre, B, de la même manière suivante : $\delta = B/c$. Δk est le désaccord de phase entre les deux ondes, qui dépend de la biréfringence de la fibre par la relation $\Delta k = 2\pi B/\lambda$. La présence des termes de couplage cohérent, termes en $A_p^2 A_q^*$ et $A_q^2 A_{-p}^*$, complique le traitement mathématique des ESNLC (4.1a) et (4.1b). Le passage dans la base circulaire permet de résoudre cette difficulté. En faisant le changement de variable suivant :

$$A_\pm = \frac{1}{\sqrt{2}}(A_p \pm iA_q),\qquad(4.2)$$

où A_- et A_+ sont respectivement les composantes circulaires gauche et droite du champ, les ESNLC s'écrivent de manière suivante dans la base circulaire :

$$\frac{\partial A_+}{\partial z} - \frac{\delta}{2}\frac{\partial A_-}{\partial \tau} - \frac{i\Delta k}{2}A_- + \frac{i\beta_2}{2}\frac{\partial^2 A_+}{\partial \tau^2} = -\frac{\alpha}{2}A_+ + \frac{2i\gamma}{3}(|A_+|^2 + 2|A_-|^2)A_+,\qquad(4.3a)$$

$$\frac{\partial A_-}{\partial z} + \frac{\delta}{2}\frac{\partial A_+}{\partial \tau} + \frac{i\Delta k}{2}A_+ + \frac{i\beta_2}{2}\frac{\partial^2 A_-}{\partial \tau^2} = -\frac{\alpha}{2}A_- + \frac{2i\gamma}{3}(|A_-|^2 + 2|A_+|^2)A_-.\qquad(4.3b)$$

Dans les régions de paramètre considérées dans notre étude, la valeur maximale de B n'excède pas $B_{max} = 10^{-7}$, à une longueur d'onde de pompe fixée à $\lambda = 576\,nm$, qui conduit à $\delta \approx 10^{-3}\,\text{ps}^2/\text{m}$. En d'autres termes, le désaccord de vitesse de groupe est très faible, ce qui amoindrit l'influence des termes proportionnels à δ dans les ESNLC ; ces termes seront donc négligés par la suite.

4.2.1   IMP dans une fibre idéale ($\alpha = 0$)

Nous allons d'abord considérer le cas d'une fibre idéale, c'est-à-dire non dissipative [60], afin de pouvoir apprécier plus facilement les effets de perte sur le processus d'IMP.

Analyse de stabilité linéaire

Dans notre étude, l'onde de pompe est polarisée selon l'un des axes de biréfringence de la fibre. Cependant si l'on considère comme solution stationnaire des équations (4.3a) et (4.3b) une onde polarisée selon l'un des axes, par exemple, l'axe rapide,

$$A_{p0} = \sqrt{P}\, exp\left[i\left(\gamma P + \frac{\Delta k}{2}\right)z\right], \qquad A_{q0} = 0, \tag{4.4}$$

les résultats obtenus pourront être facilement transposés au cas d'une onde pompe polarisée suivant l'axe lent, en changeant simplement le signe de Δk. La solution stationnaire perturbée s'écrit :

$$\begin{aligned}
A_p &= (\sqrt{P} + f)\, exp\left[i\left(\gamma P + \frac{\Delta k}{2}\right)z\right] = (\sqrt{P} + f)\, exp(i\phi) &\tag{4.5a}\\
A_q &= g\, exp\left[i\left(\gamma P + \frac{\Delta k}{2}\right)z\right] = g\, exp(i\phi) &\tag{4.5b}
\end{aligned}$$

où $\phi = \gamma P + \frac{\Delta k}{2}$.

Dans la base circulaire, cette solution stationnaire perturbée devient

$$A_{\pm} = \frac{1}{\sqrt{2}}\left(A_p \pm iA_q\right) = \left(\sqrt{\frac{P}{2}} + \frac{f \pm g}{\sqrt{2}}\right)\, exp(i\phi). \tag{4.6}$$

En remplaçant les équations (4.6) dans les ESNLC (4.3a) et (4.3b), et en identifiant les parties réelles et imaginaires, il vient

$$\frac{i\partial f}{\partial z} - \frac{i\beta_2}{2}\frac{\partial^2 f}{\partial \tau^2} + i\gamma P(f + f^*) = 0, \tag{4.7a}$$

$$\frac{i\partial g}{\partial z} - \frac{i\beta_2}{2}\frac{\partial^2 g}{\partial \tau^2} - \Delta k g + \frac{P\gamma}{3}(g^* - g) = 0. \tag{4.7b}$$

Les équations (4.7a) et (4.7b), traduisent en fait l'évolution d'une pertubation qui serait polarisée respectivement sur le même axe que la pompe (f) ou sur l'axe orthogonal (g). D'ailleurs, l'équation (4.7a) est exactement celle que l'on obtiendrait pour l'IM dans une fibre optique standard non biréfringente. Comme l'IM se manifeste uniquement en régime de dispersion anormale avec une fibre standard, aucune bande latérale n'apparaîtra sur le même axe que la pompe en régime de dispersion normale. Dans toute notre étude nous nous placerons précisément en régime de dispersion normale afin de supprimer l'IM scalaire (considérée dans le chapitre précédent). Ainsi donc, les conditions d'instabilité sont entièrement déterminées par l'équation (4.7b).

Dans le cas d'une onde modulée en amplitude à la fréquence Ω, la perturbation g s'écrit :

$$g(z,t) = u_s(z)e^{i\Omega t} + u_{as}(z)e^{-i\Omega t}, \tag{4.8}$$

où $u_s(z)$ et $u_{as}(z)$ représentent respectivement les amplitudes des bandes latérales Stokes et anti-Stokes polarisées orthogonalement à l'onde pompe incidente. En substituant cette expression de g dans (4.7b), on obtient l'équation matricielle décrivant l'évolution de l'amplitude des bandes latérales :

$$\frac{\partial Y}{\partial z} = iM_{IBF}Y, \tag{4.9}$$

où Y est défini par :

$$Y^T = [u_s, u_{as}^*], \tag{4.10}$$

et la matrice de stabilité M_{IBF} par

$$M_{IBF} = \begin{pmatrix} \frac{\beta_2}{2}\Omega^2 - \Delta k - \frac{\beta_1}{3}\gamma P & \frac{\beta_1}{3}\gamma P \\ -\frac{\beta_1}{3}\gamma P & -\frac{\beta_2}{2}\Omega^2 + \Delta k + \frac{\beta_1}{3}\gamma P \end{pmatrix}$$

Les perturbations u_s et u_{as}^* seront amplifiées exponentiellement au cours de la propagation uniquement si les valeurs propres de la matrice de stabilité M_{IBF} sont complexes. Ces valeurs propres sont les racines du polynôme caractéristique $P(K)$ défini par

$$P(K) = K^2 - \left(\frac{\beta_2}{2}\Omega^2 - \Delta k - \frac{2}{3}\gamma P\right)\left(\frac{\beta_2}{2}\Omega^2 - \Delta k\right), \tag{4.11}$$

et valent

$$K_\pm = \pm\sqrt{\left(\frac{\beta_2}{2}\Omega^2 - \Delta k - \frac{2}{3}\gamma P\right)\left(\frac{\beta_2}{2}\Omega^2 - \Delta k\right)}. \tag{4.12}$$

Le gain (local) en puissance de l'IM est alors défini par

$$G_{IBF}(\Omega) = 2\left|max[\Im(K_+), \Im(K_-)]\right|, \tag{4.13}$$

où $\Im$ désigne la partie imaginaire. Comme nous l'avons signalé précédemment, le cas d'une onde pompe polarisée suivant l'axe lent ou rapide peut être traité en changeant simplement le signe de Δk. Ainsi, le gain correspondant à l'axe lent sera donné par l'équation (4.13) avec $\Delta k = -2\pi B/\lambda$, alors que pour l'axe rapide, le gain sera donné par cette même formule mais avec $\Delta k = 2\pi B/\lambda$, B étant la biréfringence de la fibre.

A partir de l'expression analytique du nombre d'onde de la perturbation [Eqs. (4.13) et (4.12)] il est facile d'obtenir le gain optimum et la FMO.

(i) Pour une onde pompe polarisée selon l'axe rapide ($\Delta k = -|\Delta k|$), l'expression du gain (local) optimum est donnée par

$$G_{opt} = \begin{cases} 0, & pour \quad 0 \leq p_n \leq 1 \\ 2(p_n - 1)^{1/2}|\Delta k|, & pour \quad 1 \leq p_n \leq 2 \\ p_n|\Delta k|, & pour \quad p_n \geq 2 \end{cases} \tag{4.14}$$

et celle de la FMO s'écrit :

$$\Omega_{opt} = \begin{cases} 0, & pour \quad p_n \leq 2 \\ \sqrt{\frac{|\Delta k|}{\beta_2}(p_n - 2)}, & pour \quad p_n \geq 2 \end{cases} \tag{4.15}$$

où $p_n = P/P_c$ représente la puissance normalisée avec $P_c = \left|\frac{3\Delta k}{2\gamma}\right|$. Pour une onde pompe polarisée selon l'axe lent ($\Delta k = |\Delta k|$), les expressions du gain et de la FMO s'écrivent respectivement

$$G_{opt} = p_n\Delta k, \tag{4.16}$$

$$\Omega_{opt} = \sqrt{\frac{\Delta k}{\beta_2}(p_n + 2)}. \tag{4.17}$$

Discussion

Les figures 4.1 illustrent le spectre de gain d'IMP pour différentes valeurs de puissance normalisée. Ainsi, l'analyse de stabilité linéaire illustre plusieurs caractéristiques remarquables du processus d'IMP dans une fibre biréfringente sans perte.

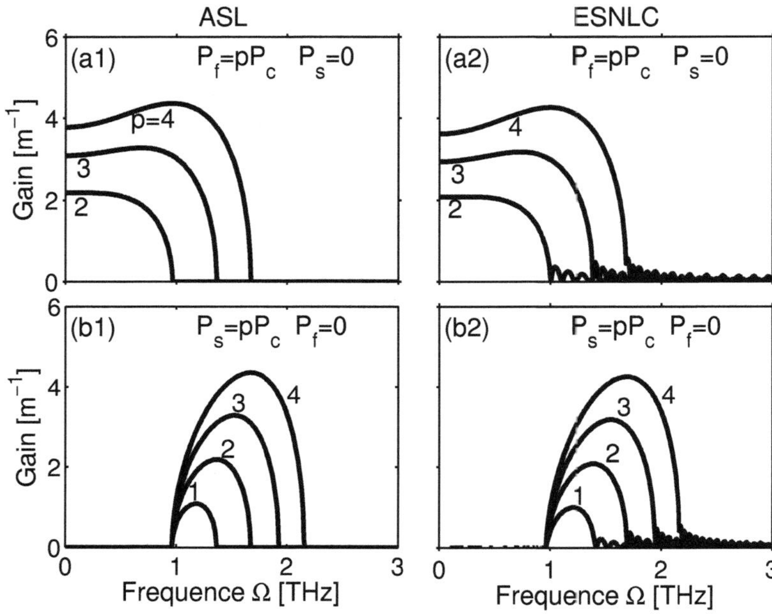

FIGURE 4.1 Courbe de gain pour une onde pompe polarisée suivant l'axe rapide (a1)-(a2), et l'axe lent (b1)-(b2), pour différentes valeurs de puissance normalisées p_n. P_f et P_s désignent respectivement les puissances de pompe sur les axes rapide et lent

(i) Les domaines de stabilité sont complètement différents selon que l'onde pompe incidente est polarisée suivant l'axe lent ou rapide. En effet, lorsque l'onde pompe est polarisée suivant l'axe rapide [4.1(a1)-(a2)] le gain est non nul seulement si la puissance normalisée p_n est supérieure à 1 [voir Eq. (4.14)]. De plus, le gain est relativement plat et s'étend de la fréquence de modulation nulle à une fréquence de coupure Ω_{cf} dépendant à la fois de la biréfringence et de la puissance de l'onde incidente. A l'opposé, une onde polarisée suivant l'axe lent est toujours instable [4.1(b1)-(b2)] et le gain s'étend sur un domaine de fréquence relativement étroit entre deux fréquences de coupures Ω_{cl1} et Ω_{cl2}.

(ii) La résolution numérique des ESNLC [Figs. 4.1(a2)-4.1(b2)] confirme extrêmement bien les résultats de l'ASL [Figs. 4.1(a1)-4.1(b1)] .

(iii) La caractéristique la plus importante pour la suite de notre étude est la dépendance du spectre de gain vis-à-vis du niveau de puissance de l'onde pompe incidente. Cette dépendance en puissance se manifeste de façon particulièrement spectaculaire lorsque l'onde pompe est polarisée suivant l'axe lent [Voir Figs. 4.1(b1)-(b2)]. Ainsi, on observe dans les Figs. 4.1(b1)-(b2) que, plus la puissance est élevée, plus le gain est élevé, et plus la FMO est éloignée de la fréquence de coupure basse $\Omega_{cl1} \approx 1\,THz$. Pour obtenir un aperçu plus direct de la sensibilité du processus d'IMP vis-à-vis du niveau de puissance de pompe, on peut simplement représenter le gain optimum et la FMO en fonction de la puissance de pompe. Les effets de puissance sont clairement visibles dans les figures 4.2(a1)-(b1) pour une onde pompe polarisée suivant l'axe rapide, et les figures 4.2(a2)-(b2) pour une onde pompe polarisée suivant l'axe lent. L'excellent accord entre l'ASL (pointillés) et les ESNLC (trait plein) est aussi un point important à souligner dans les figures 4.2.

Dans la suite de ce chapitre nous nous focaliserons principalement sur le cas de l'IMP induite par une onde pompe polarisée suivant l'axe lent, sans que cela restreigne le caractère général de nos conclusions.

Les phénomènes d'IMP que nous avons considérés jusqu'à présent (Figs. 4.1 et 4.2) concernent une fibre biréfringente idéale. Ici nous insistons sur le fait que nous utilisons la terminologie "fibre idéale" pour désigner toute fibre dont le coefficient de perte est artificiellement pris égal à zero. Il faut également souligner que les résultats obtenus pour la fibre idéale ne décrivent le comportement d'un système réel que pour des longueurs de fibre suffisamment courtes, afin que les effets de perte puissent être négligeables. Nous examinons ci-après l'IMP dans une fibre conventionnelle, dans laquelle les effets de perte sont pris en compte.

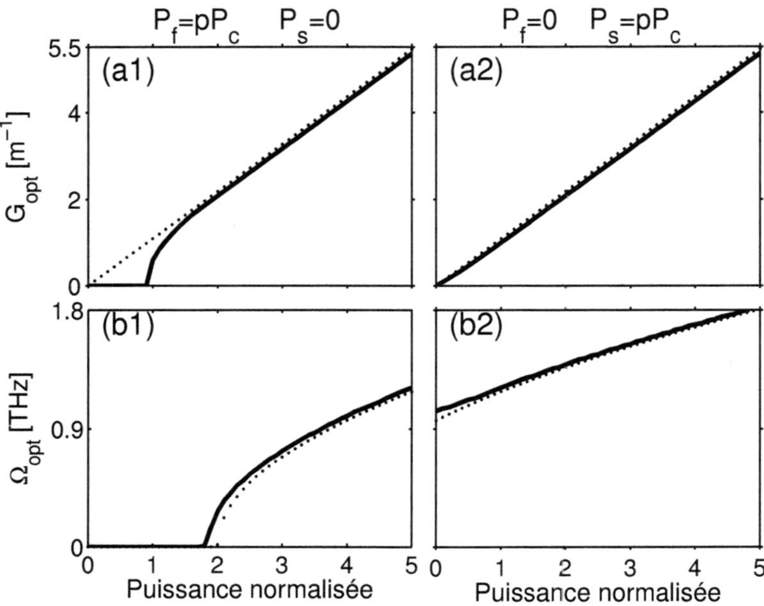

FIGURE 4.2 Gain optimum et FMO en fonction de la puissance normalisée pour une onde pompe polarisée suivant l'axe rapide (a1)-(b1), et l'axe lent (a2)-(b2).

4.2.2   IMP dans les fibres conventionnelles FC

Ici, nous considérons des fibres faiblement biréfringentes, telles que celle utilisée dans les travaux antérieurs sur l'IMP [60, 61, 63], qui ont un coefficient de dispersion β_2 et une biréfringence B constants le long de la fibre. En pratique, pour obtenir des fibres faiblement biréfringentes, on utilise des fibres *spun*. Ce type de fibre a la particularité d'avoir des axes locaux de biréfringence qui varient très rapidement le long de la fibre, conduisant ainsi à une biréfringence globale nulle. Les fibres *spun* sont traditionnellement obtenues en tordant rapidement la préforme de la fibre sur elle-même lors de sa fabrication [60]. La faible biréfringence de la fibre est alors introduite en enroulant la fibre sur une bobine de diamètre $d = 2R$. La contrainte ainsi exercée sur la fibre, induit une biréfringence $B = \lambda/L_B = 0.133(r/R)^2$, où r est le rayon de la gaine de la fibre, λ la longueur d'onde de l'onde pompe utilisée et L_B la longueur de battement.

Avec les paramètres typiques $d = 2R = 14.5\,cm$ et $r = 62.5\,\mu m$, on obtient $B \approx 10^{-7}$. A l'opposé des travaux antérieurs [60, 61, 63], ici nous prendrons en compte l'effet des pertes dans les processus d'IMP. Mathématiquement, pour inclure aisément les pertes dans l'ASL, il est préférable de faire le changement de variable qui suit :

$$u_p(z,t) = A_p(z,t)\,exp[\alpha z/2], \quad u_q(z,t) = A_q(z,t)\,exp[\alpha z/2]. \tag{4.18}$$

Dans ces conditions, les ESNLC (4.1a) et (4.1b) prennent la forme suivante :

$$\frac{\partial u_p}{\partial z} - \frac{\delta}{2}\frac{\partial u_p}{\partial \tau} - \frac{i\Delta k}{2}u_p + \frac{i\beta_2}{2}\frac{\partial^2 u_p}{\partial \tau^2} = i\gamma(z)[(|u_p|^2 + \frac{2}{3}|u_q|^2)u_p + \frac{1}{3}u_q^2 u_p^*], \tag{4.19a}$$

$$\frac{\partial u_q}{\partial z} + \frac{\delta}{2}\frac{\partial u_q}{\partial \tau} + \frac{i\Delta k}{2}u_q + \frac{i\beta_2}{2}\frac{\partial^2 u_q}{\partial \tau^2} = i\gamma(z)[(|u_q|^2 + \frac{2}{3}|u_p|^2)u_q + \frac{1}{3}u_p^2 u_q^*], \tag{4.19b}$$

où $\gamma(z) = \gamma e^{-\alpha z}$. En utilisant la solution stationnaire perturbée

$$\begin{cases} u_p = f\,exp(i\varphi z) \\ u_q = (\sqrt{P} + g)\,exp(i\varphi z) \end{cases} \tag{4.20}$$

$\varphi = \frac{\Delta k}{2}z + \gamma P z_{eff}$, $z_{eff} = [1 - e^{-\alpha z}]/\alpha$. Nous obtenons la valeur suivante du nombre d'onde

$$K_\pm = \pm\sqrt{\left(\frac{\beta_2}{2}\Omega^2 - \Delta k - \frac{2}{3}\gamma(z)P\right)\left(\frac{\beta_2}{2}\Omega^2 - \Delta k\right)}. \tag{4.21}$$

Le gain local de l'IMP est alors défini par

$$G(z,\Omega) = 2\left|max[\Im(K_+), \Im(K_-)]\right| \tag{4.22}$$

Le gain cumulé relatif au champ lumineux effectif (non normalisé), A_p et A_q, s'écrit

$$\tilde{G}(\Omega, L) = \int_0^L G(z,\Omega)dz - \alpha L. \tag{4.23}$$

Cette formule montre que la FMO du gain cumulé est déterminée par l'expression du gain local $G(\Omega, z)$. Par ailleurs, l'expression analytique de $G(z,\Omega)$ [Eqs. (4.21) et (4.22)] montre que la FMO de $\tilde{G}(\Omega, L)$ coïncide avec celle de la fonction

$$\tilde{Q} = \int_0^L K^2(z, \Omega)dz = \left(\frac{\beta_2\Omega^2}{2} - \Delta k\right)\left[\left(\frac{\beta_2\Omega^2}{2} - \Delta k\right)L + \frac{2}{3}\gamma P\frac{e^{-\alpha L} - 1}{\alpha}\right] \qquad (4.24)$$

on a

$$\frac{\partial\tilde{Q}}{\partial\Omega} = 2L\left(\frac{\beta_2\Omega^2}{2} - \Delta k\right)\beta_2\Omega - \beta_2\Omega\,\frac{2}{3}\gamma PL_{eff} \qquad (4.25)$$

où $L_{eff} = \frac{1-e^{-\alpha L}}{\alpha}$, La résolution de l'équation $\frac{\partial\tilde{Q}}{\partial\Omega} = 0$ conduit immédiatement à

$$\Omega_{opt} = \sqrt{\frac{2}{\beta_2}\left(\Delta k + \frac{\gamma PL_{eff}}{3L}\right)} \approx \sqrt{\frac{2}{\beta_2}\left(\Delta k + \frac{\gamma P}{3}(1 - \alpha L/2)\right)}. \qquad (4.26)$$

en simplifiant

$$e^{-\alpha L} \approx 1 - \alpha L + \frac{(\alpha L)^2}{2}.$$

Ici, il est utile de rappeler que pour générer une quantité appréciable de bandes latéarales dans un procesus d'IM, il faut remplir l'une des deux conditions suivantes :

(i)La première consiste à utiliser un gain local fort. Dans ce cas, on doit utiliser des longueurs de fibre suffisamment courtes pour éviter l'apparition de processus de second ordre indésirables. C'est cette méthode qui a été utilisée jusqu'à présent dans les travaux antérieurs [60]. Son inconvénient majeur réside dans son coût, car elle nécessite l'emploi de sources lasers de puissance relativement élevée, qui sont donc plus onéreuses.

(ii) Si l'on ne dispose pas d'un gain local fort, et d'une source laser de haute puissance, alors il devient nécessaire d'utiliser des fibres de longueur suffisamment grande pour obtenir un fort gain cumulé. C'est dans ce cadre que se situent nos travaux, et que nous allons choisir les paramètres d'étude des effets de perte.

Ainsi, nous avons choisi de fixer la puissance initiale de l'onde pcmpe à $P_0 = p_n P_c = 0.2P_c = 14.2\,W$, qui correspond à un gain local très petit à l'entrée de la fibre, à savoir $G_0 = 0.22\,m^{-1}$, et une puissance de pompe relativement faible. Dans ces conditions, la génération d'une quantité significative de bandes latérales nécessite l'emploi d'ure fibre relativement longue, dans laquelle l'action des pertes est inévitable. Les expressions (4.14) montrent que les pertes ont comme effet direct d'amoindrir la contribution de la non-linéarité dans le processus de l'IMP. Cet effet a deux conséquences majeures, qui sont clairement mises en évidence dans les figures 4.3(a1) et 4.3(b1), qui montrent respectivement l'évolution du gain cumulé et de la FMO en fonction de la distance de propagation. Les figures 4.3(a2) et 4.3(b2) montrent, pour comparaison, le résultat que l'on obtient en mettant le coefficient d'atténuation à zero ($\alpha = 0$), alors que nous l'avons fixé à $\alpha = 20\,dB/Km$ (à $\lambda = 576\,nm$) pour la fibre conventionnelle.

Ainsi donc, la figure 4.3(a1) montre que les pertes conduisent à une saturation du gain cumulé d'IMP, qui atteint sa valeur maximum pour une certaine longueur optimum de fibre. La deuxième conséquence majeure des effets de perte est la création d'une dérive en fréquence des bandes latérales comme le montre notre expression analytique de la FMO (Eq. (4.26)), en très bon accord quantitatif avec les résultats des ESNLC et celui obtenu à partir de l'ASL 4.17. Les deux effets indésirables induits par les pertes, à savoir, la saturation du gain et la dérive en fréquence des bandes latérales sont similaires à ceux qui se produisent dans une fibre non biréfringente soumise à une IM scalaire. Mais nous verrons dans la prochaine section qu'il est possible de supprimer complètement la dérive en fréquence dans les spectres d'IMP, par une technique qui présente une différence majeure par rapport à celle que nous avons mise au point dans le chapitre précédent sur de l'IM scalaire.

4.3 Suppression de la dérive en fréquence des bandes latérales

Dans cette section nous allons établir les caractéristiques essentielles qu'une fibre optique doit avoir pour supprimer la dérive en fréquence des bandes latérales dans les spectres d'IMP. Nous avons vu dans le chapitre précédent que pour supprimer la dérive en fréquence dans les spectres d'IM scalaire il faut faire décroître exponentiellement la dispersion le long de la fibre. Plus précisément, il faut faire décroître la dispersion d'une proportion équivalente à la baisse de la puissance de pompe le long de la fibre. Nous allons examiner ci-après si cette méthode est applicable au cas de l'IMP.

4.3.1 Méthode des fibres à dispersion exponentiellement décroîssante (DDF)

Ici nous considérons une fibre qui, en plus d'être faiblement biréfringente et dissipative, possède une dispersion exponentiellement décroîssante :

$$\beta_2 = \beta_{20}\, e^{-\alpha z}, \tag{4.27}$$

où α est choisi pour être identique au coefficient de perte de la fibre et β_{20} est le coefficient de dispersion correspondant à une fibre biréfringente conventionnelle. En résolvant les ESNLC avec les mêmes conditions initiales que dans le cas de la fibre conventionnelle (onde pompe de 14 W injectée suivant l'axe lent de la fibre), nous avons obtenu les résultats visibles dans les figures 4.4(a) et 4.4(b), qui montrent respectivement le gain cumulé et la FMO sur la même distance de propagation que pour la fibre conventionnelle representée dans les figures 4.3. Le résultat majeur qui émerge des figures 4.4 est que la décroissante exponentiellement de la dispersion supprime bien la dérive en fréquence des bandes latérales, comme le montre la Fig. 4.4(b), mais au prix d'un sacrifice inacceptable du gain, comme le montre la Fig. 4.4(a). En effet, le maximum de gain cumulé atteignable avec ce type de fibre est d'un ordre de grandeur plus bas que celui d'une fibre conventionnelle [voir Figs. 4.4(a) et 4.3(a1)]. Physiquement, l'effondrement du gain dans la fibre DDF est révélateur du fait que la modification du paramètre de dispersion le long de la fibre ne permet pas de préserver l'équilibre initial entre les effets qui entrent en jeu dans la condition d'accord de phase.

4.3.2   Méthode des fibres à dispersion décroissante et à biréfringente décroîssante (BD-DDF)

Notre approche pour supprimer la dérive en fréquence des bandes latérales, consiste à réunir les conditions pour qu'au cours de la propagation, les poids respectifs de tous les effets qui entrent en jeu dans la condition d'accord de phase, ne varient pas. Autrement dit, nous devons reunir les conditions pour que les différents phénomènes physiques varient le long de la fibre d'une proportion équivalente à la variation de puissance de pompe imposée par les pertes. Cette idée nous a conduit au concept d'une fibre optique qui serait dotée non seulement d'une dispersion exponentiellement décroissante, mais également d'une biréfringence qui décroît exponentiellement le long de la fibre. Pour alléger la rédaction, nous désignons cette fibre par le sigle $BD - DDF$ (Birefringence-Decreasing Dispersion-Decreasing Fiber). Elle est caractérisée par les paramètres suivants :

$$\begin{cases} \beta_2(z) = \beta_{20} \ e^{-\alpha z}, \\ B(z) = B_0 \ e^{-\alpha z}. \end{cases} \qquad (4.28)$$

Il est à noter que la condition (4.28) conduit à $\Delta k = \Delta k_0 \ e^{-\alpha z}$ avec $\beta_0 = \frac{2\pi B_0}{\lambda}$.

Pour traiter mathématiquement le problème de l'IMP dans ce système, nous allons procéder en deux étapes :

(i) On effectue un passage en champ normalisée via le changement de variable

$$u_{p,q}(z,t) = A_{p,q}(z,t) \ e^{\frac{\alpha}{2}z}. \qquad (4.29)$$

Cela conduit à un système d'ESNLC (4.19b) et (4.19b) pour les champs $u_{p,q}$, qui est formellement analogue au système d'ESNLC pour le cas d'une fibre conventionnelle, à la seule différence que les paramètres β_2 et Δk sont remplacés respectivement par $\beta_{20} \ e^{-\alpha z}$ et $\Delta k_0 \ e^{-\alpha z}$. L'ASL conduit à une matrice de stabilité de la forme

$$M_{BD-DDF}(z) = M_{IBF}(\beta_{20}, \Delta k_0, \gamma)\, e^{-\alpha z}, \tag{4.30}$$

où $M_{IBF}(\beta_{20}, \Delta k_0, \gamma)$ est la matrice de stabilité d'une fibre biréfringente idéale de paramètres β_{20}, Δk_0 et γ. Conséquemment le spectre de gain local (correspondant aux valeurs propres de la matrice M_{BD-DDF}) se met sous la forme

$$g_{BD-DDF}(z, \Omega) = G_{IBF}(\beta_{20}, \Delta k_0, \gamma, \Omega)\, e^{-\alpha z}, \tag{4.31}$$

où G_{IDF} correspond au spectre de gain d'une fibre biréfringente idéale de paramètres β_{20}, Δk_0 et γ [Voir Eq. (4.13)].

(ii) Dans la deuxième étape de l'ASL, on effectue un retour au champ effectif $A_{p,q}$ en rajoutant simplement le facteur de perte au gain d'IM :

$$G_{BD-DDF}(z, \Omega) = -\alpha + g_{BD-DDF}(z, \Omega) = -\alpha + G_{IBF}(\beta_{20}, \Delta k_0, \gamma, \Omega)\, e^{-\alpha z}. \tag{4.32}$$

Sur une longueur L du système, le gain cumulé s'écrit

$$\tilde{G}_{BD-DDF}(\Omega) = -\alpha L + G_{IBF}(\Omega)\, L_{eff}, \tag{4.33}$$

où $L_{eff} = (1 - e^{-\alpha L})/\alpha$

Ainsi donc, les relations (4.31), (4.32) ou (4.33) montrent que la FMO du système BD-DDF coïncide avec celle de la fibre biréfringente idéale. Autrement dit, la fréquence des bandes latérales d'IMP dans un système BD-DDF n'est pas modifiée au cours de la propagation et reste verrouillée à la valeur

$$\Omega_{opt} = \sqrt{\frac{\Delta k_0}{\beta_{20}}(p_n + 2)} \tag{4.34}$$

Ici, il est utile de noter que la puissance normalisée $p_n = P/P_c$ n'évolue pas au cours de la propagation En effet, la décroissance exponentielle de la puissance P est exactement contrebalancée par la décroissance exponentielle de la puissance P_c (car P_c est proportionnel à Δk : $P_c = \left|\frac{3\Delta k}{2\gamma}\right|$). A partir des relations (4.33) et (4.34) on peut aisément obtenir la longueur optimale du système $BD - DDF$, c'est-à-dire la longueur pour laquelle le gain cumulé atteint son maximum :

$$L_{opt} = \frac{1}{\alpha}\ log\left[\frac{1}{\alpha}G_{BD-DDF}(0,\Omega_{opt})\right]. \tag{4.35}$$

L'ASL décrite ci-dessus est remarquablement confirmée par la résolution numérique des ESNLC, comme l'illustrent les figures 4.5. En particulier, on peut remarquer qu'après une période transitoire initiale, la FMO se verouille à la valeur prédite par la formule (4.34). La dérive en fréquence des bandes latérales est ainsi totalement supprimée. De plus, une comparaison attentive entre les figures 4.3 et 4.5 revèle que le gain cumulé du système BD-DDF est même légèrement meilleur que celui de la fibre conventionnelle. Le seul inconvénient du système BD-DDF réside dans le fait qu'il comporte deux difficultés pratiques liées respectivement à la réalisation d'une dispersion exponentiellement décroissante, et la réalisation d'une biréfrigence exponentiellement décroissante. Dans la prochaine section, nous proposons un système qui permet de résoudre ces deux difficultés.

4.3.3　Méthode des fibres BD-A3DMF

Le système BD-DDF présenté dans la section précédente comporte deux difficultés techniques qui doivent être résolues pour rendre attractive la gestion des pertes dans les spectres d'IMP. Pour resoudre ces difficultés, nous allons concevoir un nouveau système qui préserve les deux caractéristiques de base du système BD-DDF.

Gestion de la dispersion

La première contrainte un nouveau système consiste à faire en sorte que la dispersion décroisse exponentiellement le long du système, sans avoir reccurs à une fibre fabriquée spécialement dans ce but. Pour résoudre cette contrainte, nous pouvons utiliser la même méthode que celle utilisée pour le cas scalaire, à savoir , la méthode A3DMF dont une version a été décrite dans le chapitre précédent.

Le grand avantage de cette méthode réside dans le fait qu'elle utilse des fibres commerciales standards (à très faible coût), de type NZDSF. En réalité la méthode A3DMF peut s'appliquer sous deux versions structurellement différentes mais qui conduisent exactement au même processus d'IMP. Les deux versions diffèrent par leurs cartes de dispersion et par leurs niveaux de difficulté de mise en oeuvre pratique. Rappelons d'abord que les deux versions ont les caractéristiques communes qui suivent :

(i) Elles sont constituées d'une concaténation de segments de fibres (de dispersion β_+ et β_-) dont les longueurs (L_+ et L_-) sont choisies de façon à faire baisser la dispersion moyenne (d'une proportion bien définie) entre deux motifs élémentaires de dispersion consécutifs.

(ii) Chaque motif élémentaire est constitué par la juxtaposition de trois segments de fibre dont les longueurs ($\frac{L_-}{2}, L_+, \frac{L_-}{2}$) sont ajustées de manière à obtenir une dispersion moyenne qui soit abaissée d'une proportion équivalente à la perte totale de puissance subie par l'onde dans le motif précédent.

La différence entre les deux versions de système A3DMF réside dans la structure de leurs motifs élémentaires de dispersion respectifs. Dans la version considérée dans le chapitre précédent, la même longueur $Z_d = L_+ + L_-$ est imposée à tous les motifs, et l'ajustement de la dispersion moyenne est réalisé en variant simultanément les longueurs L_+ et L_- comme l'illustre schématiquement la figure 4.6(a1). L'inconvénient de cette version du système A3DMF réside dans l'obligation de varier simultanément les deux longueurs L_+ et L_-. Pour palier cet inconvénient, nous proposons d'utiliser une méthode A3DMF dans laquelle l'une des longueurs (L_+ par exemple) est maintenue constante. La dispersion moyenne de chaque motif de dispersion est fixée à la valeur désirée en ajustant l'autre longueur (L_-) comme l'illustre schématiquement la figure 4.6(a2).

Ainsi donc, le calcul de ce système A3DMF s'effectue de la manière suivante : Nous imposons la même longueur L_+ pour les motifs :

$$L_+ + L_{n-} = Z_{dn}, \quad (pour\,tout\,n) \tag{4.36}$$

Ensuite, en considérant une valeur de dispersion moyenne donnée pour le premier map, disons β_{av1}, et une longueur de motif desirée, Z_{d1}, nous obtenons aisément le jeu de paramètre (Z_{dn} et L_{n-}) pour tous les autres motifs de la manière suivante :

$$L_{1-} = \frac{(\beta_+ - \beta_{av1})L_+}{\beta_{av1} - \beta_-} \tag{4.37}$$

$$L_{n-} = \frac{\left[\beta_+ - \beta_{av1}exp\left(-\sum_{j=1}^{n-1} A_j\right)\right] L_+}{\beta_{av1}exp\left(-\sum_{j=1}^{n-1} A_j\right) - \beta_-}. \tag{4.38}$$

avec $A_j = \alpha(L_+ + L_{j-})$

Gestion de la biréfringence

La deuxième contrainte pratique consiste à faire en sorte que la biréfringence décroisse exponentiellement le long de la fibre, sans avoir recours à un système compliqué. Rappellons que la fibre faiblement biréfringente conventionnelle que nous avons considérée jusqu'à présent est obtenue à partir d'une fibre spun (isotrope), en enroulant la fibre sur une bobine de diamètre $d = 2R$. Cet enroulement induit une biréfringence $B = \lambda/L_B = 0.133(\frac{r}{R})^2 = \frac{\kappa_0(r)}{R^2}$. Pour obtenir un profil de biréfringence du type $B(z) = B_0 e^{-\alpha z}$, où B_0 est la biréfringence à l'entrée de la fibre, il faudrait que

$$\frac{\kappa_0(r)}{R^2} = B_0 e^{-\alpha z}, \rightarrow R^2 = \frac{\kappa_0(r)}{B_0} e^{\alpha z} = R^2(0) e^{\alpha z} \tag{4.39}$$

$$R(z) = R(0) e^{\alpha z/2}. \tag{4.40}$$

La formule (4.40) montre qu'un profil de biréfringence exponentiellement décroissante est réalisable en un bloc par un enroulement de la fibre sur un support de la forme d'une spirale. On peut aussi envisager un système plus simple où le rayon augmente par palier. Un tel système sera constitué d'une concaténation de bobines de diamètres différents, D_i , $i = 1, N$. Sur chaque bobine de rayon R_i on enroule une longueur de fibre $\Delta L_i = 2 n_i \pi R_i$, où n_i est le nombre de tours de fibre autour de cette bobine (ce qui induit une biréfringence B_i). Ensuite la bobine suivante est construite avec un diamètre augmenté d'un facteur $e^{\alpha \Delta L_i/2}$.

Gestion simultanée de la dispersion et de la biréfringence

Ainsi donc, on peut combiner la technique de gestion de la dispersion à notre concept de gestion de la biréfringence en enroulant le système de fibres gérées en dispersion sur un support constitué d'une concaténation de bobines de diamètres différents. Le motif de dispersion numero i est enroulé sur une bobine dont le rayon R_i est augmenté d'un facteur $e^{\alpha Z_{di-1}/2}$ par rapport au rayon de la bobine $i - 1$. Pour le système A3DMF à Z_d constant [Figs. 4.6(a1)-(b1)], les diamètres des bobines sont augmentés d'un facteur identique $e^{\alpha Z_d/2}$, ce qui n'est pas le cas du système A3DMF à L_+ constant [Figs. 4.6(a2)-(b2)].

L'IMP dans le système BD-A3DMF peut être examinée à partir des ESNLC(3a)-(3b) mais avec $\delta = 0$ et

$$\beta_2(z) = \beta_{av}(z) + \tilde{\beta}(z) \tag{4.41}$$

$$B(z) = B_{av}(z) + \tilde{B}(z) \Rightarrow \Delta k = \frac{2\pi B(z)}{\lambda} = \Delta k_{av}(z) + \tilde{\Delta k}(z). \tag{4.42}$$

Pour examiner la faisabilité de la méthode BD-A3DMF, nous avons choisi les paramètres suivants : $L_+ = 0.5\,m$. Le nombre de motifs élémentaires de dispersion a été fixé à $N = 800$. $\beta_{20} = 60\,ps^2/Km$, $\beta_+ = \beta_{20} + \frac{\Delta\beta}{2} = 160\,ps^2/Km$, $\beta_- = \beta_{20} - \frac{\Delta\beta}{2} = -40\,ps^2/Km$, $\gamma = 0.023\,W^{-1}m^{-1}$.

La résolution des ESNLC dans les conditions décrites ci-dessus conduit aux résultats visibles dans les figures 4.7(a) et 4.7(b), qui montrent respectivement l'évolution du gain cumulé et la FMO en fonction de la distance z.

Ainsi donc, on peut clairement observer que les résultats du système BD-A3DMF coïncident parfaitement avec ceux du système BD-DDF. L'équivalence entre ces deux types de système est ainsi demontrée. Toutefois, nous devons préciser que ce parfait accord résulte également du choix d'un nombre de motifs suffisament grand ($N = 800$). En effectuant la même simulation de l'IMP mais sur un système BD-A3DMF ayant un nombre de motifs de $N = 100$, c'est-à-dire, huit fois plus petit que pour le système de la figure 4.7, nous avons constaté une réduction du gain cumulé de 50 dB, mais sans aucun effet négatif sur la FMO, qui reste verrouillée à celle correspondant à celle d'une fibre idéale.

4.4 Conclusion

Nous avons démontré la faisabilité d'une gestion des effets de perte dans les spectres d'IMP dans une fibre faiblement biréfringente. En particulier, nous avons démontré qu'en combinant judicieusement la technique de la gestion de la dispersion à notre concept de gestion de la biréfringence, on supprime totalement la dérive en fréquence des bandes latérales dans les spectres d'IMP. Finalement, les techniques de suppression de la dérive en fréquence des bandes latérales ouvrent des perspectives intéressantes pour des applications liées à la génération des ondes optiques à des fréquences parfaitement stables et contrôlées, la conversion de fréquences, la génération des trains d'impulsions ultra-courtes du type solitons noirs, ou brillant, ou la génération des impulsions ultra-brèves pour les systèmes de communication optique.

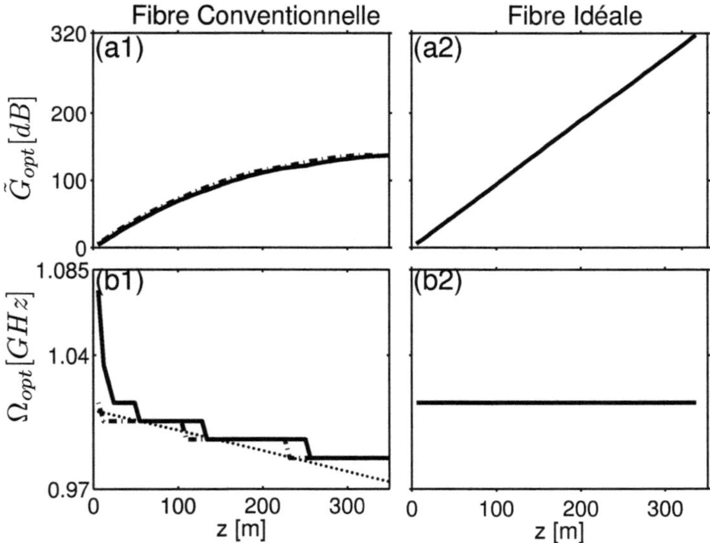

FIGURE 4.3 Evolution du gain cumulé G_{opt} et de la FMO G_{opt} en fonction de la distance de propagation pour une puissance de pompe initiale $P_0 = p_n P_c = 0.2 P_c = 14.2\,W$. Les traits pleins représentent la solution des ESNLC. Les tirets représentent les résultats de l'ASL [Eqs. (4.14) et (4.17)]. Les pointillés représente la formule analytique (4.26), avec $L = z$

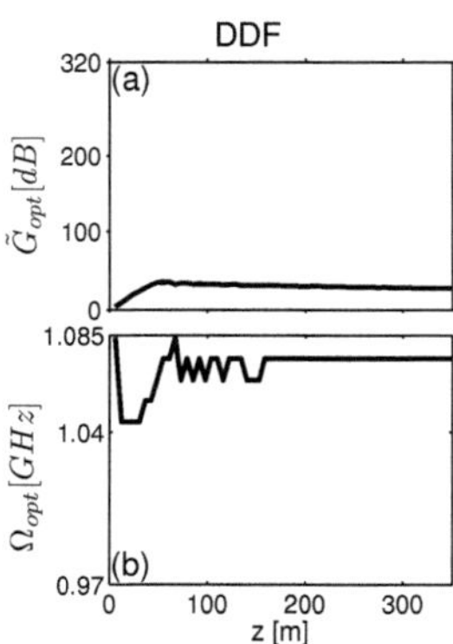

FIGURE 4.4 Evolution du gain cumulé $\tilde{G}_{opt}$ et de la FMO G_{opt} pour une fibre à dispersion exponentiellement décroîssante.

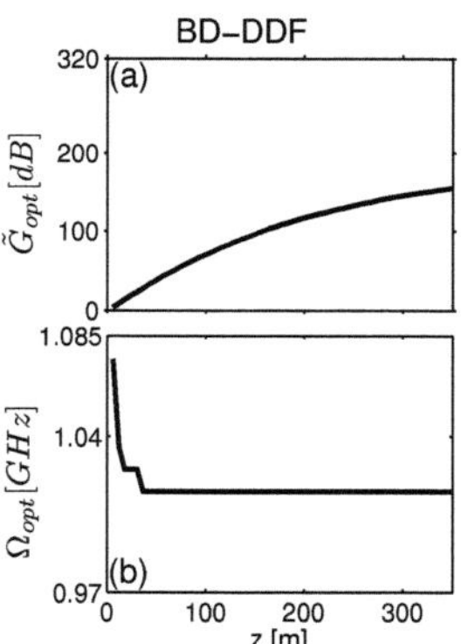

FIGURE 4.5 Evolution du gain cumulé $\tilde{G}_{opt}$ et de la FMO G_{opt} en fonction de la distance de propagation z; pour une puissance initiale $p_n = 2$. $(P = 14\ W)$.

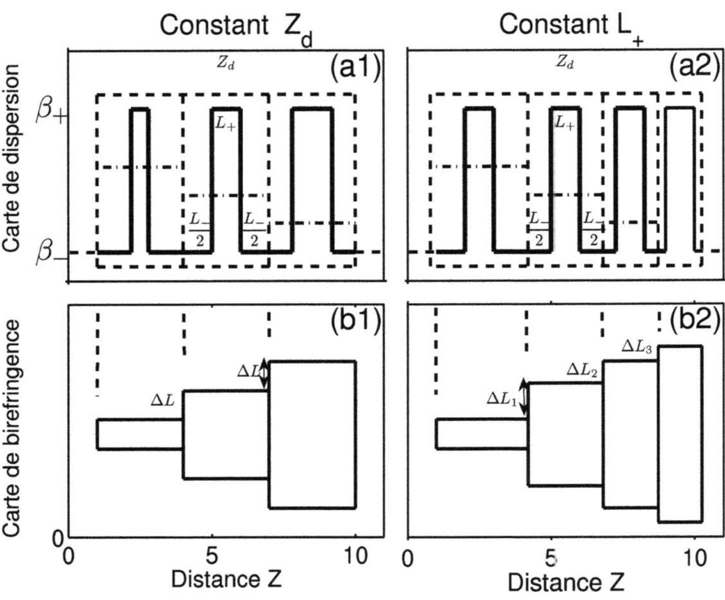

FIGURE 4.6 Schéma de la carte de dispersion et de la carte de biréfringence.

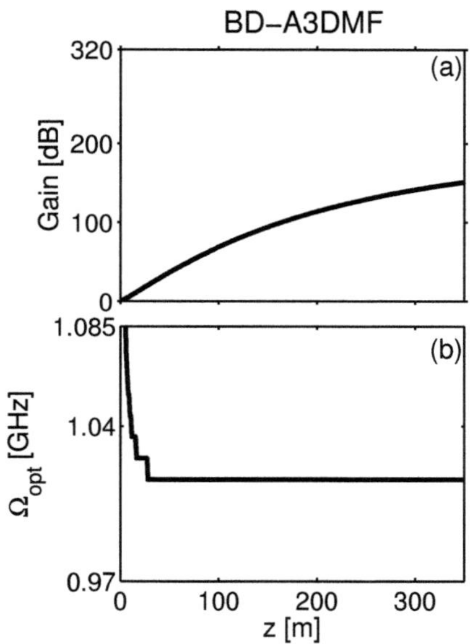

FIGURE 4.7 Evolution du gain cumulé $\tilde{G}_{opt}$ et de la FMO G_{opt} en fonction de la distance de propagation z; pour une puissance initiale $p_n = 2$. ($P = 14\ W$).

Conclusion et perspectives

Les travaux de recherche menés au cours de cette thèse ont porté sur les méthodes d'optimisation des processus d'instabilité modulationnelle (IM) scalaire et vectorielle, dans des systèmes à fibres optiques. En partant des considérations qualitatives (sur les phénomènes de propagation des ondes lumineuses dans les fibres de silice) basées sur des modèles théoriques élaborés, et soutenus par des simulations numériques, nous avons identifié le phénomène des pertes optiques comme étant un phénomène pénalisant pour la performance des systèmes de génération des instabilités modulationnelles scalaire ou vectorielle. Nous avons montré que les pertes infligent deux types de pénalités dans un système de production d'IM. Premièrement, les pertes imposent une limite maximum au gain total que l'on peut obtenir du système. Deuxièmement, les pertes provoquent une dérive en fréquence des bandes latérales qui rend le système extrêmement difficile à contrôler. L'objectif final des travaux menés au cours de cette thèse était de développer des méthodes d'optimisation des systèmes de production et développement des processus d'IM, lesquelles passent nécessairement par la réduction des pénalités infligées par les pertes optiques.

Après avoir énoncé dans le chapitre 1 quelques généralités sur les phénomènes de propagation des ondes dans les fibres optiques, nous avons établi, dans le chapitre 2, l'existence d'un comportement critique dans le spectre d'IM relatif à la propagation des ondes dans les systèmes à fibres à variation périodique de dispersion. Ce comportement critique se manifeste par un accroissement spectaculaire de l'intensité des bandes latérales non conventionnelles, induites par les fluctuations de la dispersion du second ordre. Notre système de fibres à variation périodique de dispersion et à fonctionnement dans la région critique a plusieurs avantages par rapport aux systèmes à fibres conventionnelles, à savoir : un gain d'instabilité modulationnelle considérablement élevé sur une grande plage d'accordabilité de fréquence des bandes latérales et la disponibilité de règles simples pour concevoir et optimiser le système.

Dans le chapitre 3, nous avons proposé un système (A3DMF), qui permet de supprimer la dérive en fréquence des bandes latérales induite par les pertes dans les spectres d'IM scalaire, et qui en plus, fournit un gain en puissance supérieur à celui fourni par les fibres conventionnelles. L'avantage majeur du système A3DMF réside dans son faible coût et sa disponibilité technologique, qui rend possible sa fabrication avec des fibres commerciales de type NZDSF.

Dans le chapitre 4, nous avons démontré la faisabilité d'une gestion des effets de pertes dans les spectres d'IM de polarisation dans une fibre faiblement biréfringente. En particulier, nous avons montré qu'en combinant judicieusement la technique de gestion de la dispersion à un concept original de gestion de la biréfringence, il devient possible de supprimer totalement la dérive en fréquence des bandes latérales dans les spectres d'IM de polarisation. Nous avons alors proposé un système (BD-A3DMF), qui réalise simultanément une décroissance exponentielle de la dispersion et de la biréfringence, mais par paliers successifs, par un enroulement des différents motifs élémentaires de dispersion sur des bobines spécifiques dont les diamètres sont choisis de manière à baisser par paliers la biréfringence le long du système. L'avantage majeur du système BD-A3DMF est, comme pour le système A3DMF, son coût et sa disponibilité technologique, qui rend possible sa fabrication avec des éléments commercialement disponibles.

Finalement, nos méthodes d'optimisation des systèmes de développement des processus d'IM ouvrent des perspectives intéressantes à court et à long terme.

A court terme, les perspectives envisagées sont essentiellement d'ordre expérimental, et concernent principalement les trois points suivants :

(i) La première démonstration expérimentale des bandes latérales non conventionnelles résultant d'une fluctuation de la dispersion du second-ordre, qui n'avait pas été réalisée jusqu'à présent en raison d'un gain d'IM trop faible, peut à présent être envisagée à l'aide de la méthode d'amplification de gain que nous avons mise point dans le chapitre 2 de cette thèse, où nous définissons les conditions d'observation de ce phénomène d'IM (dont l'intérêt majeur est qu'il n'exige pas de conditions contraignantes pour l'accord de phase).

(ii) La démonstration expérimentale de la méthode A3DMF de suppression de la dérive de fréquence des bandes latérales dans les spectres d'IM scalaire, est envisagée.

(iii) La démonstration expérimentale de la méthode BD-A3DMF de suppression de la dérive en fréquence des bandes latérales dans les spectres d'IM de polarisation, reste elle-aussi, à faire.

A moyen et long termes, les travaux réalisés dans cette thèse ouvrent des perspectives intéressantes pour des applications liées à la génération des ondes optiques à des fréquences parfaitement stables et contrôlées, telles que la conversion de fréquences, la génération des trains d'impulsions ultra-courtes du type solitons noirs, ou brillant, ou la génération des impulsions ultra-brèves pour les systèmes de communication optique.

Annexe A

Synthèse des travaux relatifs au livre

A.1   Liste des Publications relatives à la thèse

- Labruyere, S. Ambomo, C. M. Ngabireng, P. Tchofo Dinda, K. Nakkeeran, and K. Porsezian "Suppression of sideband frequency shifts in the modulational instability spectra of wave propagation in optical fiber systems", Opt. Lett. 32, 1287–1289 (2007).

- S. Ambomo, C. M. Ngabireng, P. Tchofo Dinda, A. labruyere, K. Porsezian, and B. Kalithasan "Critical behavior with dramatic enhancement of modulational instability gain in fiber systems with periodic variation dispersion", J. Opt. Soc. Am. B, **25**, 425-433 (2008).

- S. Ambomo, C. M. Ngabireng, A. Kamagate, P. Tchofo Dinda, G. Millot, and A. B. Moubissi "Suppression of sideband frequency shifts in the spectra of polarization modulational-instability spectra of wave propagation in weakly birefringent optical fibers", iop.org/ J. Opt. 13(2011)O85201(10PP)

A.2   Publications parues

May 15, 2007 / Vol. 32, No. 10 / OPTICS LETTERS **1287**

Suppression of sideband frequency shifts in the modulational instability spectra of wave propagation in optical fiber systems

A. Labruyere, S. Ambomo, C. M. Ngabireng, and P. Tchofo Dinda

Laboratoire de Physique de l'Université de Bourgogne, UMR CNRS No. 5027, 9 Av. A. Savary, B.P. 47 870, 21078 Dijon Cédex, France

K. Nakkeeran

Department of Engineering, Fraser Noble Building, King's College, University of Aberdeen, Aberdeen AB24 3UE, UK

K. Porsezian

Department of Physics, Pondicherry University, Pondicherry-605 014, India

Received December 21, 2006; revised February 13, 2007; accepted February 16, 2007;
posted February 23, 2007 (Doc. ID 78371); published April 17, 2007

In standard optical fibers with constant chromatic dispersion, modulational instability (MI) sidebands execute undesirable frequency shifts due to fiber losses. By means of a technique based on average-dispersion-decreasing dispersion-managed fibers, we achieve both complete suppression of the sideband frequency shifts and fine control of the MI frequencies, without any compromise in the MI power gain. © 2007 Optical Society of America

OCIS codes: 190.4370, 190.4410, 190.4380.

In modern optical systems, there exists a variety of physical processes having fundamental interests and practical applications. An example of such processes is modulational instability (MI) in optical fibers, i.e., a phenomenon in which a continuous or quasi-continuous wave undergoes a modulation of its amplitude or phase in the presence of noise or any other weak perturbation.[1–6] When MI is used in practical applications (e.g., generation of ultrashort pulses[2,3]) the precise expression of the optimum modulation frequency (OMF), defined as the frequency at which the MI gain attains its maximum value, becomes rather crucial, especially for accurate prediction and fine control of the sideband frequencies. Most previous studies on scalar MI processes in conventional fibers (CFs) have used the expressions[1]

$$\Omega_{\mathrm{IF}} = \sqrt{2\gamma P/|\beta|}, \quad G_{\mathrm{IF}} = |\beta|\Omega\sqrt{4\gamma P/|\beta| - \Omega^2}, \quad (1)$$

for the OMF and the gain spectrum, respectively. Here, γ is the nonlinear coefficient, P is the pump power, and β is the second-order dispersion. In fact, Eq. (1), which is obtained from the linear stability analysis (LSA) under the undepleted pump approximation (UPA), corresponds to the gain spectrum for an ideal fiber without losses. Equations (1) are therefore basically relevant only in the case of a sufficiently small fiber length, in which the loss effect is negligibly small. Hence, most of the previous studies on MI in CFs have as a common feature that relatively short fiber lengths were used to obtain MI frequencies that are in quite good agreement with the LSA prediction based on the UPA. But the use of short fiber lengths (of the order of a few tens of meters) amounts to a sacrifice of the MI gain. Indeed, MI processes require a minimum length to develop

significantly, and there exists an optimum length, say L_{opt}, for which the accumulated gain is maximum. In fact, the existing systems operate far from the optimum condition of generation of MI (including scalar and vector MI processes), because of the losses, which have been either ignored completely in the design of the systems or left without any treatment of their harmful effects on the MI processes. Hence, if one lets a pump wave propagate over a distance corresponding to the optimum length of a CF system (i.e., a system with losses and constant dispersion), one can obtain a large gain, but meanwhile the sidebands undergo a continual frequency shift due to losses,[5] which is not predicted by the LSA based on the UPA.

Here we demonstrate an effective method of management of fiber losses in MI processes in fiber systems. This method is based on the use of average-dispersion-decreasing dispersion-managed fibers (A3DMFs), which permit generation of MI sidebands in the optimum condition with maximum gain and complete suppression of the loss-induced frequency shifts for any desired modulational frequency.

Here we consider the wave propagation in a fiber system described by the nonlinear Schrödinger equation

$$q_z + (i/2)[\beta_{\mathrm{av}} + \widetilde{\beta}(z)]q_{tt} - i\gamma|q|^2q = -(\alpha/2)q, \quad (2)$$

where α is the loss parameter, q is the electric-field envelope, and β_{av} and $\widetilde{\beta}$ are the average dispersion and the fluctuating part of the dispersion, respectively. With the transformation $Q = q/\sqrt{|\beta_{\mathrm{av}}|}$ and $dZ = |\beta_{\mathrm{av}}|dz$, Eq. (2) becomes

1288   OPTICS LETTERS / Vol. 32, No. 10 / May 15, 2007

$$Q_z + i\,\mathrm{sgn}(\beta_{\mathrm{av}})Q_{tt}/2 - i\gamma|Q|^2 Q$$

$$= -[i\tilde{\beta}Q_{tt} + (\alpha + \partial|\beta_{\mathrm{av}}|/\partial Z)Q]/(2|\beta_{\mathrm{av}}|). \qquad (3)$$

Note that if the r.h.s. of Eq. (3) is set to zero, then this equation becomes equivalent to a lossless ideal fiber with OMF given in Eq. (1). Physically, the r.h.s. of Eq. (3) can be set to zero by considering a system with $\tilde{\beta}=0$ and $\alpha+\partial|\beta_{\mathrm{av}}|/\partial Z=0$, or equivalently[7]

$$\beta(z) = |\beta_{\mathrm{av}}| = |\beta_{\mathrm{av}}(0)|\exp(-\alpha z). \qquad (4)$$

In this system, hereafter referred to as a dispersion-decreasing fiber (DDF) system (which has been shown to be useful for pulse compression[8,9]), the magnitude of the dispersion decreases exponentially, in such a way as to follow the decrease of pump power due to losses. Consequently the OMF, which depends on the ratio $P/|\beta|$, remains constant throughout the propagation over any distance, whereas in the CF system the ratio $P/|\beta|$ decreases with distance (which should induce a continual decrease of the OMF). The DDF system may resolve this drawback of the CF system, but its exponentially decreasing dispersion is too difficult to realize in practice. To overcome this difficulty we use a dispersion-managed (DM) fiber system,[10] in which one can easily vary the average dispersion (AD) of the different dispersion maps by simply varying the lengths of the normal and anomalous fiber sections. To counterbalance the decreasing pump power (due to fiber losses), we use an A3DMF, in which the AD decreases from one dispersion map to another in such a way to follow the decrease of pump power but in a discretized fashion. The A3DMF system is schematically represented in Fig. 1(a), where the horizontal dashed lines indicate the AD. To design this system, we use two types of fibers with positive and negative dispersions denoted β_+ and β_-, respectively. The maps are numbered from 1 to N, and the length of the normal (anomalous) fiber section of the map number n is denoted L_{n+} (L_{n-}). We impose the same total length Z_d for all the map: $L_{n+}+L_{n-}=Z_d$, for all n. Thus, assuming a desired AD for the first map, say $\beta_{\mathrm{av}1}$, and a desired length Z_d, we can easily obtain the fiber lengths of all the maps as

$$L_{1-} = (\beta_+ - \beta_{\mathrm{av}1})Z_d/\Delta\beta, \quad \Delta\beta = \beta_+ - \beta_-,$$

$$L_{n-} = Z_d[\beta_+ - \beta_{\mathrm{av}1}\exp(-\textstyle\sum_{j=1}^{n-1}A_j)]/\Delta\beta,$$

Fig. 1. (a) Dispersion profile of the A3DMF system. (b) Accumulated MI gain spectrum for $L=33.5$ km.

$$L_{n+} = Z_c - L_{n-}, \quad n = 2,\dots,N, \qquad (5)$$

where $A_j = \alpha_+ L_{j+} + \alpha_- L_{j-}$. MI in the A3DMF system may be examined by a LSA of the CW solution of Eq. (2). To this end, one can rewrite Eq. (2) as

$$u_z + i[\beta_{\mathrm{av}} + \tilde{\beta}(z)]u_{tt}/2 - i\gamma f(z)|u|^2 u = 0, \qquad (6)$$

where $u(z,t)=q(z,t)\exp(\alpha z/2)$ and $f(z)=\exp(-\alpha z)$. The LSA of Eq. (6) can be examined by introducing the ansatz $u(z,t)=[\sqrt{P_0}+p(z,t)]\exp(i\gamma P_0 z_{\mathrm{eff}})$, where $z_{\mathrm{eff}} =[1-\exp(-\alpha z)]/\alpha$ and $p(z,t)=a(-\Omega,z)\exp(-i\Omega t) +a(\Omega,z)\exp(+i\Omega t)$. Then, one can remove the fast oscillations from the envelope by use of the standard transform $b(\Omega,z)=a(\Omega,z)\exp[i\phi(\Omega,z)]$, where $\phi(\Omega,z)=(\Omega^2/2)\int_0^z\tilde{\beta}(\varepsilon)\mathrm{d}\varepsilon$. Then we get

$$\frac{\partial}{\partial z}\begin{bmatrix} b(-\Omega,z) \\ b^*(\Omega,z) \end{bmatrix} = if(z)M\begin{bmatrix} b(-\Omega,z) \\ b^*(\Omega,z) \end{bmatrix}, \qquad (7)$$

where the elements of matrix M are given by $M_{11}= -M_{22}=\gamma P_0 + \beta_{\mathrm{av}1}\Omega^2/2$, $M_{12}=-M_{21}^*=\gamma P_0\exp[i\phi(\Omega,z)]$. The eigenvalues of the (2×2) stability matrix (7) determine the wavenumber K of the perturbation, which provides the gain spectrum

$$G(\Omega,z) = 2|\Im(K)| = f(z)g(\Omega,0), \qquad (8)$$

where $g(\Omega,0)=|\beta_{\mathrm{av}1}|\Omega\sqrt{4\gamma P_0/|\beta_{\mathrm{av}1}|-\Omega^2}$ coincides with the gain spectrum of a lossless system with constant dispersion $\beta_{\mathrm{av}1}$ and input power P_0. The remarkable feature in Eq. (8) is the absence of nonconventional sidebands (resulting from a periodic behavior in the system).[4,6] Such sidebands are suppressed by the nonperiodic character of the dispersion fluctuation $\tilde{\beta}$, and the nonperiodic variation of the pump power in our A3DMF system (without any amplifier). Thus, Eq. (8) demonstrates the equivalence between the A3DMF and DDF systems. The OMF at any propagation distance z is then equal to the OMF at the system input, that is,

$$\Omega_{\mathrm{opt}} = \sqrt{2\gamma P_0/|\beta_{\mathrm{av}1}|}. \qquad (9)$$

With respect to the actual electric field q, the mean value of the accumulated gain over the total length L of the A3DMF system is

$$G_T = \int_0^L G(\Omega_{\mathrm{opt}},z)\mathrm{d}z - \alpha L = G(\Omega_{\mathrm{opt}},0)L_{\mathrm{eff}} - \alpha L, \qquad (10)$$

where $L_{\mathrm{eff}}=[1-\exp(-\alpha L)]/\alpha$. From Eq. (10), we can obtain the optimal system length L_{opt} at which the accumulated gain G_T attains its maximum:

$$L_{\mathrm{opt}} = (1/\alpha)\log[G(\Omega_{\mathrm{opt}},0)/\alpha]. \qquad (11)$$

It is useful to carry out a quantitative comparison between the MI processes in the A3DMF and CF systems. The gain spectrum $\hat{g}(\Omega,z)$ and accumulated gain $\hat{G}(\Omega,L)$ in a CF system with loss parameter α, constant dispersion $\hat{\beta}$, and length L, is found from the LSA to be[5]

May 15, 2007 / Vol. 32, No. 10 / OPTICS LETTERS 1289

$$\hat{g}(\Omega,z) = |\hat{\beta}|\Omega\sqrt{4\gamma f(z)P_0/|\hat{\beta}|} - \Omega^2.$$

$$\hat{G}(\Omega,L) \equiv -\alpha L + \int_0^L \hat{g}(z,\Omega)\,dz$$

$$= -\alpha L + \frac{2|\hat{\beta}|\Omega^2}{\alpha}[\eta_1 - \mathrm{atan}(\eta_1/\eta_2)],$$

$$L < Z_c, \tag{12a}$$

$$\hat{G}(\Omega,L) = -\alpha L + (2|\hat{\beta}|\Omega^2/\alpha)\{W(\Omega,0) - \mathrm{atan}[W(\Omega,0)]\}, \quad L \geq Z_c, \tag{12b}$$

with $\eta_1 = W(\Omega,0) - W(\Omega,L)$, $\eta_2 = 1 - W(\Omega,0)W(\Omega,L)$, $Z_c = (2/\alpha)\log(\Omega_c/\Omega)$, $W(\Omega,z) = [(\Omega_c^2/\Omega^2)e^{-\alpha L} - 1]^{1/2}$, and $\Omega_c = \sqrt{4\gamma P_0/|\hat{\beta}|}$. From Eqs. (12), the expression for the OMF for the CF system is obtained as

$$\Omega_{\mathrm{opt}} = -0.168\Omega_c\alpha L + \Omega_c/\sqrt{2}, \quad L < Z_c, \tag{13a}$$

$$\Omega_{\mathrm{opt}} = 0.394\Omega_c, \quad L \geq Z_c, \tag{13b}$$

which demonstrates explicitly the loss-induced frequency shifts as a function of the length L of the CF. Formulas (13) exhibit two outstanding regimes in the sideband dynamics. The first is the "untrapped" regime ($L < Z_c$), which starts as soon as the pump begins to propagate, in which the sidebands execute a continual frequency shift towards the pump. In this regime, the high (low) frequency photons, which are initially phase matched (non phase matched), become progressively non phase matched (phase matched) as they propagate in the CF, thus causing a continual deviation of the average OMF from the value predicted by Eq. (1). As the pump propagates further in this regime, the nonlinear contribution to the phase mismatch ($2\gamma P_0 e^{-\alpha z}$) progressively reduces due to the losses. Then the system ultimately enters the "trapped" regime ($L \geq Z_c$) in which the shifting velocity falls to zero and remains there during the dynamics. In this regime, the decreasing nonlinearity is no longer sufficient to compensate for the linear contribution to the phase mismatch ($\beta\Omega^2$). The above analysis is remarkably well illustrated in Figs. 1(b) and 2, which is obtained for the following parameters: ideal fiber ($\beta = -10\,\mathrm{ps}^2/\mathrm{km}$, $\alpha = 0$), CF ($\hat{\beta} = -10\,\mathrm{ps}^2/\mathrm{km}$, $\alpha = 0.2\,\mathrm{dB/km}$), and A3DMF [$\beta_{\mathrm{av}}(z) = \beta_{\mathrm{av}1}\exp(-\alpha z)$, $\beta_{\mathrm{av}1} = -10\,\mathrm{ps}^2/\mathrm{km}$, $\beta_+ = -\beta_- = 20\,\mathrm{ps}^2/\mathrm{km}$, and $\alpha = 0.2\,\mathrm{dB/km}$]. Figure 1(b) shows a typical MI gain spectrum after a propagation distance of 33.5 km, obtained from our analytical formulas. Figures 2 exhibit two major points: (i) In the CF, the gain attains its maximum value at the distance $L_{\mathrm{opt}} \approx 33.5$ km [see Figs. 1(b) and 2(b)], but there, the losses cause the OMF ($\Omega_{\mathrm{CF}} \approx 30$ GHz) to be considerably shifted from that of the ideal fiber system ($\Omega_{\mathrm{IF}} \approx 50$ GHz) as Fig. 2(a) shows. (ii) The A3DMF system suppresses completely the loss-induced sideband frequency shift ($\Omega_{\mathrm{A3DMF}} = \Omega_{\mathrm{IF}}$) and provides gain supe-

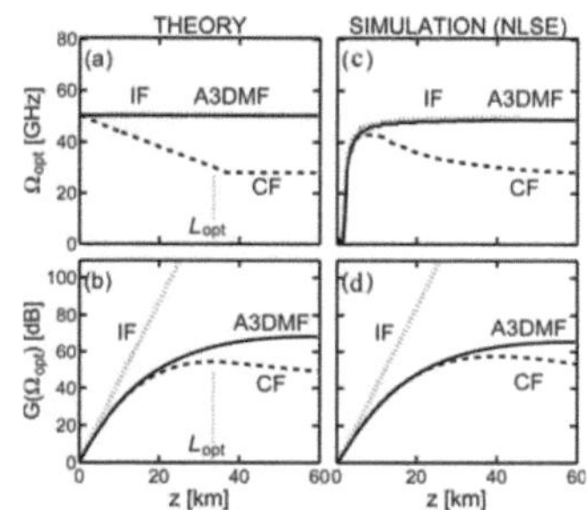

Fig. 2. (a) OMF versus system length L. (b) Accumulated gain versus system length L. Dotted curve [Eq. (1)]. (c), (d) Results of the numerical simulations of the nonlinear Schrödinger equation (2).

rior to that of the CF system, as seen in Fig. 2(b). Our analytical formulas are remarkably well confirmed by the direct resolution of the nonlinear Schrödinger equation (2), as illustrated in Figs. 2(c) and 2(d).

To conclude, we demonstrated that the A3DMF permits suppression of the loss-induced frequency shifts in MI spectra and additionally provides a larger gain than that of the CFs. The major advantage of the A3DMF over the DDF is the technology availability that allows for an easy design of the A3DMF with the existing types of fiber. The ability of the A3DMF system to generate waves at stable and perfectly controlled frequencies is a highly demanded property in practical applications such as the generation of ultrafast pulse trains for optical communications.

This work has been carried under contract IFC/3504-F/2005/2064 between the IFCPAR and the universities of Burgundy and Pondicherry. K. Porsezian wishes to thank the Department of Science and Technology, Government of India, for providing Ramanna Fellowships. P. Tchofo Dinda's e-mail address is patrice.tchofo-dinda@u-bourgogne.fr.

References

1. G. P. Agrawal, *Nonlinear Fiber Optics*, 2nd ed. (Academic, 1995).
2. A. Hasegawa and W. F. Brinkman, IEEE J. Quantum Electron. **16**, 694 (1980).
3. E. J. Grier, D. M. Patrick, P. G. J. Wigley, and J. R. Taylor, Electron. Lett. **25**, 1246 (1989).
4. F. Matera, A. Mecozzi, M. Romagnoli, and M. Settembre, Opt. Lett. **18**, 1499 (1993).
5. M. Karlsson, J. Opt. Soc. Am. B **12**, 2071 (1995).
6. N. J. Smith and N. J. Doran, Opt. Lett. **21**, 570 (1996).
7. K. Tajima, Opt. Lett. **12**, 54 (1987).
8. S. V. Chernikov, E. M. Dianov, D. J. Richardson, and D. N. Payne, Opt. Lett. **18**, 476 (1993).
9. J. D. Moores, Opt. Lett. **21**, 555 (1996).
10. A. B. Moubissi, K. Nakkeeran, P. Tchofo Dinda, and S. Wabnitz, IEEE Photon. Technol. Lett. **14**, 1041 (2002).

Ambomo *et al.*   Vol. 25, No. 3/March 2008/J. Opt. Soc. Am. B   425

Critical behavior with dramatic enhancement of modulational instability gain in fiber systems with periodic variation dispersion

S. Ambomo,[1] C. M. Ngabireng,[1,2,4] P. Tchofo Dinda,[1,*] A. Labruyère,[1,5] K. Porsezian,[3,6] and B. Kalithasan[3]

[1]*Institut Carnot de Bourgogne, UMR 5209 CNRS, Université de Bourgogne, Avenue A. Savary,
Boîte Postal 47 870, 21078 Dijon Cédex, France*
[2]*Ecole Nationale Supérieure Polytechnique, University of Yaoundé I, Cameroon*
[3]*Department of Physics, Puducherry University, Pondicherry-605 014, India*
[4]*E-mail: cngabire@yahoo.fr*
[5]*E-mail: alexis.labruyere@u-bourgogne.fr*
[6]*E-mail: ponzsol@yahoo.com*
Corresponding author: Patrice.Tchofo-Dinda@u-bourgogne.fr

Received September 13, 2007; revised November 27, 2007; accepted December 13, 2007;
posted January 3, 2008 (Doc. ID 87530); published February 29, 2008

We analyze modulational instability (MI) of light waves in fiber systems with periodically varying dispersion. The dispersion fluctuation generates special waves, called nonconventional MI sidebands, which are shown to be highly sensitive to two fundamental system parameters. The first one is the average dispersion of the system. Surprisingly, the second parameter turns out to be the mean value of the dispersion coefficients of the two types of fibers of the system, which is then called "central dispersion." These two parameters are used to control and optimize the MI process. In particular, we establish the existence of a critical region of the central dispersion at which the power gain of the nonconventional sidebands undergoes a dramatic enhancement.
© 2008 Optical Society of America
OCIS codes: 190.4380, 060.2310, 290.5860.

1. INTRODUCTION

For the past two decades or so, there has been a considerable effort to gain a deep insight into nonlinear phenomena that manifest themselves whenever intense light beams propagate in guided-wave optical systems. A well-known example of such phenomena is modulational instability (MI), which is a phenomenon in which a continuous or quasi-continuous wave undergoes a modulation of its amplitude or phase in the presence of noise or any other weak perturbation [1–16]. When MI is used in practical applications, such as for the generation of ultrashort light pulses [4,7], the control of the sidebands frequencies and optimization of the MI power gain become rather crucial issues. In this context, one of the simplest MI processes in fibers is the one that uses a fiber with negative group-velocity dispersion (anomalous dispersion regime) [17]. The phase matching of such a process, which we will call *conventional MI process*, results from the compensation of the second-order chromatic dispersion by the self-focusing Kerr nonlinearity of silica. For a conventional MI process, the optimum modulation frequency (OMF), defined as the frequency at which the gain attains its maximum value, depends on the system parameter through the following simple formula:

$$\Omega_{\mathrm{opt}} = \sqrt{-2\gamma P_0/\beta}, \qquad (1)$$

where γ is the fiber nonlinear coefficient, P_0 is the pump power, and β is the dispersion parameter. The formula (1)

suggests that it might be possible to control the sideband frequency through a careful tuning of the input pump power P_0. But, if one let a pump wave propagate over the optimum fiber length (i.e., a length that corresponds to the largest gain), the sidebands will undergo a continual frequency shift due to fiber losses [18]. In most MI systems that have been reported so far in the literature, relatively short fiber lengths have been used in order to enable a careful control of the sideband frequencies (by means of the input pump power). But the use of relatively short fiber lengths amounts to a sacrifice of the MI gain [18]. As a matter of fact, most of the existing systems operate far from the optimum condition of generation of MI, because of serious difficulties to obtain simultaneously, without any use of special devices, the maximum available MI gain and a fine control of the sideband frequencies. This difficulty results from a lack of flexibility in the conventional systems, which have as a common feature that they provide only a very few degrees of freedom for control or optimization of MI processes. In general, of the many fiber systems that have been used so far to generate MI processes, which range from the standard step-index silica fibers with constant dispersion to dispersion-decreasing systems and photonic crystal fibers, fiber systems with periodic or nonperiodic variation of dispersion seem to be the systems that provide the most degrees of freedom to control and optimize MI processes. In particular, recent studies suggest that periodically modulated

426   J. Opt. Soc. Am. B/Vol. 25, No. 3/March 2008

Ambomo et al.

media seem to be quite appropriate systems in which scalar MI processes can be developed in a carefully and comfortably controlled manner [9–13].

The study of MI in periodically modulated media has been going on for quite some time now [2,4,8–13,19–26], in connection with the electromagnetic wave propagation in optical fibers with periodically varying power [2,24,26] and periodically varying dispersion [8,9,11–13,20,21], along the propagation distance. In particular, it has been shown that, owing to the parametric resonance between the fiber parameter modulations and some characteristic frequencies, new sidebands called *nonconventional sidebands* (NCSBs) can be generated in the anomalous and even in the normal dispersion regime [20,21,26]. Matera *et al.* theoretically demonstrated the existence of NCSBs in long-distance fiber systems with constant dispersion and periodic variation of power [26]. The experimental demonstration of this first type of NCSBs was performed by Kikuchi *et al.* by means of a recirculation loop [27]. Then, Bronski and Kutz [8], Abdullaev *et al.* [20], and Smith and Doran [21], reported from theoretical investigations that periodic variation of dispersion can induce another type of NCSBs. Subsequently it was theoretically demonstrated that these two types of sidebands can coexist in a fiber system that contains both a periodic variation of dispersion and periodic amplification [9,12,13]. But, to the best of our knowledge, the NCSBs induced by periodic variation of dispersion have not yet been observed experimentally. The main obstacle in the experimental evidence of this type of NCSBs lies in their low power gain.

The purpose of the present work is to show that the above-mentioned limitation in the power gain of NCSBs can be overcome by an appropriate optimization procedure based on a few system parameters. Hence, we have found that the the central dispersion $(\tilde{\beta})$ (mean value of the dispersion coefficients of the two types of fibers of the system) and the average dispersion (β_{av}) are highly sensitive control parameters that enable one to easily tune the sideband frequencies to any desired value over a relatively large frequency range. In particular, we establish the existence of a critical region for the central dispersion, in which the NCSBs undergo dramatic enhancement of their power gain. To the best of our knowledge, such an effect has not yet been reported so far in any fiber systems with periodic variation of dispersion or periodic variation of power. This critical behavior provides natural conditions of generation, amplification, and experimental observations of NCSBs.

The remainder of this paper is organized as follows. In Section 2, we present the theoretical model. Linear stability analysis (LSA) of the wave propagation is performed in Section 3. The results are discussed in Section 4. Section 5 is allotted for the conclusion.

2. MODEL

Wave propagation in a single-mode fiber with periodic variation of dispersion, delayed Raman response, and losses, is described by the following nonlinear Schrödinger equation (NLSE) of the form [7,28,29]

$$\frac{\partial q}{\partial z} + \frac{i}{2}[\beta_{av} + \tilde{\beta}(z)]\frac{\partial^2 q}{\partial t^2} - i\gamma(1-\rho)|q|^2 q + \frac{\alpha}{2}q$$

$$-\,i\gamma\rho q \int_0^\infty |q(z,t-s)|^2 \chi_R(s)\mathrm{d}s = 0, \qquad (2)$$

where q is the slowly varying electric-field envelope, and β_{av}, $\tilde{\beta}(z)$, γ, and α are the constant average dispersion, the fluctuating part of dispersion, the self-phase modulation (SPM) coefficient, and the fiber loss parameter, respectively. In Eq. (2), $\chi_R(s)$ is the Raman susceptibility [30,31]. The spectral profile of the Raman susceptibility, $\tilde{\chi}_R(\Omega)$, corresponds to that of the fused quartz of Ref. [30] that has been normalized to $\Re[\tilde{\chi}_R(0)] = 1$, as illustrated in Fig. 1 in Ref. [32]. The parameter ρ is the fractional contribution of the delayed Raman response to the total nonlinearity. In standard nonbirefringent silica fibers $\rho = 0.18$ [30]. In practical situations, single-mode propagation is more easily obtained by injecting the pump beam along one of the two birefringence axes of a highly birefringent fiber. In the present paper, we consider a single-mode propagation in a typical Ge-doped highly birefringent fiber, in which $\rho = 0.36$ [31]. Then, using the standard transformation

$$q(z,t) = Q(z,t)\exp\left(-\frac{\alpha}{2}z\right), \qquad (3)$$

Eq. (2) can be rewritten as

$$\frac{\partial Q}{\partial z} + \frac{i}{2}[\beta_{av} + \tilde{\beta}(z)]\frac{\partial^2 Q}{\partial t^2} - i\gamma f(z)(1-\rho)|Q|^2 Q$$

$$-\,i\gamma\rho f(z)Q \int_0^\infty |Q(z,t-s)|^2 \chi_R(s)\mathrm{d}s = 0, \qquad (4)$$

where

$$f(z) = \exp(-\alpha z). \qquad (5)$$

Equation (4) is the governing equation from which one can obtain the MI conditions. It is quite clear that because of the periodic variation of dispersion, the fluctuating dispersion $\tilde{\beta}(z)$ becomes a periodic function of z with a period equal to Z_d, as schematically represented in Fig. 1. Each

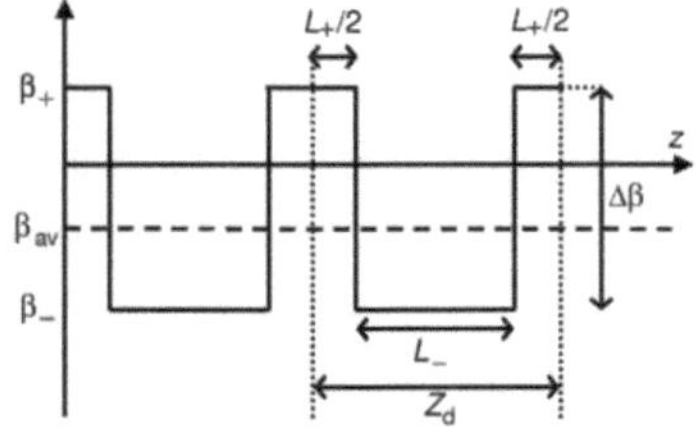

Fig. 1.   Schematic configuration of the dispersion map of the system.

Ambomo *et al.*   Vol. 25, No. 3 / March 2008 / J. Opt. Soc. Am. B   427

period is made of two types of fibers with different lengths (L_+, L_-) and opposite dispersion parameters: $\beta_+ > 0$ and $\beta_- < 0$. Hereafter we make use of a symmetric configuration of the dispersion map, which consists of three sections of fibers $(L_+/2, L_-, L_+/2)$ as Fig. 1 illustrates. Then, it becomes clear that

$$\beta_{av} \equiv (\beta_+ L_+ + \beta_- L_-)/Z_d, \tag{6}$$

$$Z_d \equiv L_+ + L_-. \tag{7}$$

3. LINEAR STABILITY ANALYSIS

The steady-state solution of the governing equation (4) can be written as

$$Q(z,t) = \sqrt{P_0}\, \exp[i\phi(z)], \tag{8}$$

where P_0 is the input pump power and $\phi(z)$ is the nonlinear phase shift induced by SPM. Substituting Eq. (8) into Eq. (4), we get

$$\phi(z) = \gamma P_0 \frac{[1 - \exp(-\alpha z)]}{\alpha}. \tag{9}$$

The linear stability of the steady state can be examined by introducing a perturbed field with the form

$$Q(z,t) = [\sqrt{P_0} + a(z,t)]\exp[i\phi(z)], \tag{10}$$

where $|a(z,t)|^2 \ll P_0$. We assume for the perturbation $a(z,t)$ the following ansatz with frequency detuning from the pump Ω:

$$a(z,t) = a(-\Omega,z)\exp(-i\Omega t) + a(\Omega,z)\exp(i\Omega t), \tag{11}$$

where $a(-\Omega,z)$ and $a(\Omega,z)$ are the complex perturbation amplitudes corresponding to the anti-Stokes and Stokes sidebands, respectively. By substituting Eqs. (10) and (11) into Eq. (4) and collecting the linear terms in $a(-\Omega,z)$ and $a(\Omega,z)$, we obtain the following equations for the perturbed field:

$$\frac{da(-\Omega,z)}{dz} = iM(\Omega,z)a(-\Omega,z) + iW(\Omega,z)a^*(\Omega,z),$$
$$\tag{12a}$$

$$\frac{da^*(\Omega,z)}{dz} = -iW(\Omega,z)a(-\Omega,z) - iM(\Omega,z)a^*(\Omega,z),$$
$$\tag{12b}$$

where

$$M(\Omega,z) \equiv \eta(\Omega,z) + W(\Omega,z), \tag{13a}$$

$$W(\Omega,z) \equiv \gamma P_0 f(z)[1 - \rho + \rho\tilde{\chi}_R(-\Omega)], \tag{13b}$$

$$\eta(\Omega,z) \equiv \eta_{av}(\Omega) + \tilde{\eta}(\Omega,z) = \frac{1}{2}[\beta_{av} + \tilde{\beta}(z)]\Omega^2. \tag{13c}$$

Here the asterisk stands for complex conjugation. To remove the fast oscillations in the envelope we introduce the transformation

$$\begin{bmatrix} b(-\Omega,z) \\ b(\Omega,z) \end{bmatrix} = \begin{bmatrix} a(-\Omega,z) \\ a(\Omega,z) \end{bmatrix} \exp\!\left(-\frac{i}{2}\Omega^2 \int_0^z \tilde{\beta}(z')dz'\right).$$
$$\tag{14}$$

From Eqs. (12) and (14), we obtain

$$\frac{d}{dz}\begin{bmatrix} b(-\Omega,z) \\ b^*(\Omega,z) \end{bmatrix} = i\begin{bmatrix} \eta_{av}(\Omega) + W(\Omega,z) & W(\Omega,z)g(\Omega,z) \\ -W(\Omega,z)g^*(\Omega,z) & -\eta_{av}(\Omega) - W(\Omega,z) \end{bmatrix}$$
$$\times \begin{bmatrix} b(-\Omega,z) \\ b^*(\Omega,z) \end{bmatrix}, \tag{15}$$

where

$$g(\Omega,z) = \exp\!\left(-i\Omega^2 \int_0^z \tilde{\beta}(z')dz'\right). \tag{16}$$

Expanding the periodic function g into Fourier series we obtain

$$g(\Omega,z) = \sum_{n=-\infty}^{+\infty} g_n(\Omega)\exp(-ink_d z), \tag{17}$$

where

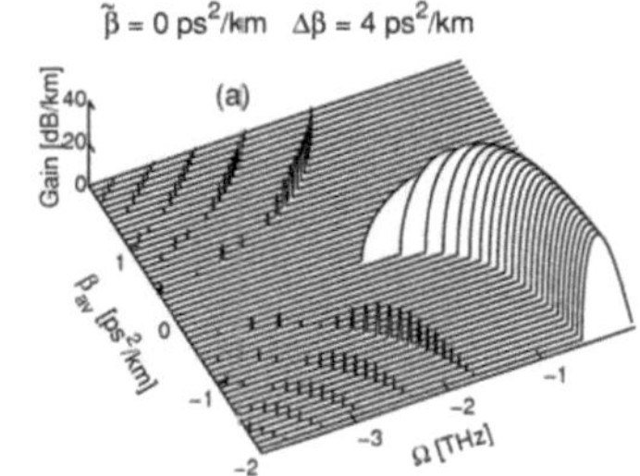

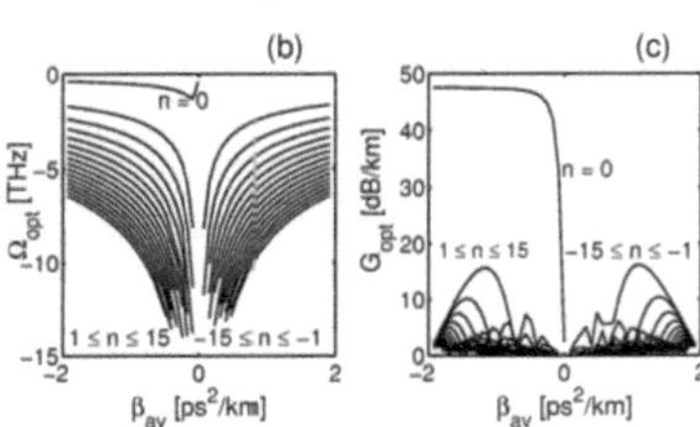

Fig. 2.   MI gain as a function of the average dispersion β_{av}, obtained from the LSA, for $\tilde{\beta} = 0\ \mathrm{ps^2/km}$, $\Delta\beta = 4\ \mathrm{ps^2/km}$, $\beta_+ = 2\ \mathrm{ps^2/km}$, and $Z_d = 30$ m. (a) Gain spectra. (b) Optimum modulation frequency. (c) Optimum gain.

428   J. Opt. Soc. Am. B/Vol. 25, No. 3/March 2008

Ambomo *et al.*

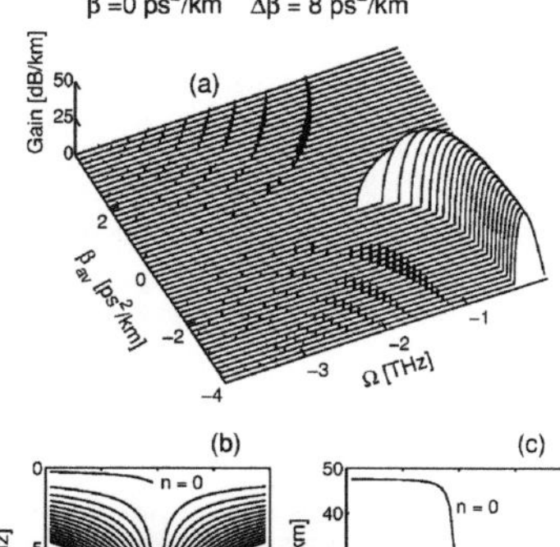

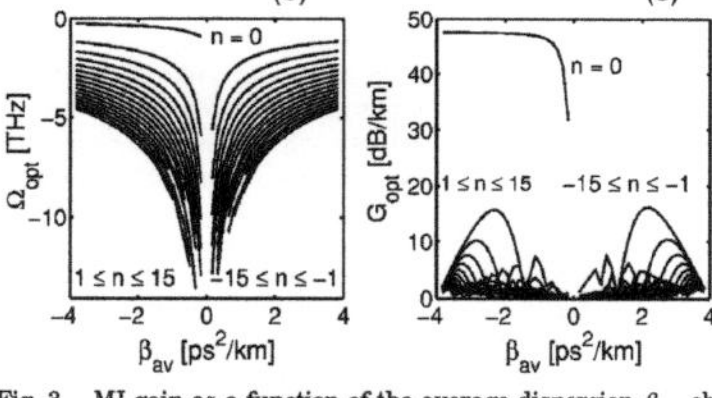

Fig. 3. MI gain as a function of the average dispersion β_{av}, obtained from the LSA, for the same parameter as for Fig. 2 but with $\Delta\beta=8$ ps^2/km and $\beta_+=4$ ps^2/km. (a) Gain spectra. (b) Optimum modulation frequency. (c) Optimum gain.

$$g_n(\Omega) = \frac{\exp[i(nk_d - \Omega^2\tilde{\beta}_+)L_+/2]}{iZ_d(nk_d - \Omega^2\tilde{\beta}_-)}\{\exp[i(nk_d - \Omega^2\tilde{\beta}_-)L_-] - 1\}$$

$$+ \frac{1}{iZ_d(nk_d - \Omega^2\tilde{\beta}_+)}[\{\exp[i(nk_d - \Omega^2\tilde{\beta}_+)L_+/2] - 1\}$$

$$\times \{\exp[i(nk_d - \Omega^2\tilde{\beta}_-)L_-]\exp[i(nk_d + \Omega^2\tilde{\beta}_+)L_+/2]$$

$$+ 1\}], \tag{18a}$$

$$k_d = 2\pi/Z_d, \tag{18b}$$

$$\tilde{\beta}_\pm = \pm \Delta\beta L_\mp/Z_d, \tag{18c}$$

$$\Delta\beta = \beta_+ - \beta_-. \tag{18d}$$

Assuming that we are close to the resonance with the pth Fourier component of the perturbation field, we perform the following transformation,

$$\begin{bmatrix} b(-\Omega,z) \\ b(\Omega,z) \end{bmatrix} = \begin{bmatrix} v(-\Omega,z) \\ v(\Omega,z) \end{bmatrix}\exp\left(-\frac{i}{2}pk_d z\right), \tag{19}$$

where p is an integer. Then, from Eqs. (15), (16), (18), and (19) we get

$$\frac{d}{dz}\begin{bmatrix} v(-\Omega,z) \\ v^*(\Omega,z) \end{bmatrix} = iM\begin{bmatrix} v(-\Omega,z) \\ v^*(\Omega,z) \end{bmatrix}, \tag{20}$$

where

$$M = \begin{bmatrix} \eta_{av}(\Omega) + W(\Omega,0) + pk_d/2 & W(\Omega,0)g_p(\Omega)e^{ipk_d z} \\ -W(\Omega,0)g_p^*(\Omega)e^{-ipk_d z} & -\eta_{av}(\Omega) - W(\Omega,0) - pk_d/2 \end{bmatrix} \tag{21}$$

is the stability matrix of the system. Here it is worth noting that the LSA under consideration is basically relevant for the characterization of the instability processes in the initial stage of the propagation in which the perturbation field remains small and, therefore, one can neglect the power attenuation induced by the fiber losses. Hence we have considered $f(z) \approx 1$, which leads to $W(\Omega,z) \approx W(\Omega,0)$ in Eq. (21). Under such conditions, it is clear that the prediction of the LSA may more or less deviate from the actual wave-coupling behavior at advanced stage of propagation, and hence, the full solution of the NLSE will be required.

The eigenvalues of the stability matrix in Eq. (21) determine the wave number K of the perturbation. The modulation instability occurs when K possesses a nonzero imaginary part. The eigenvalues are given by the following dispersion relation:

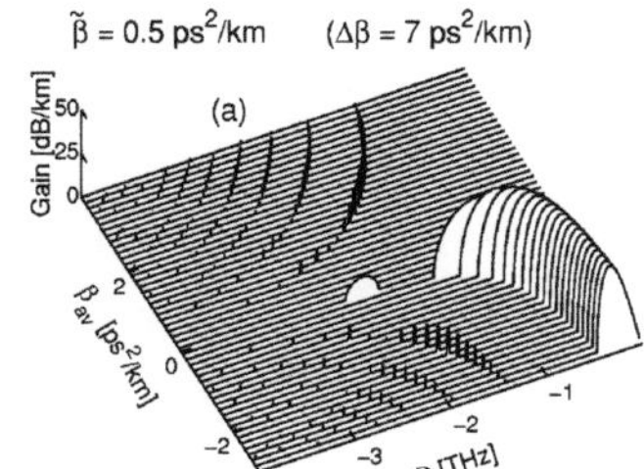

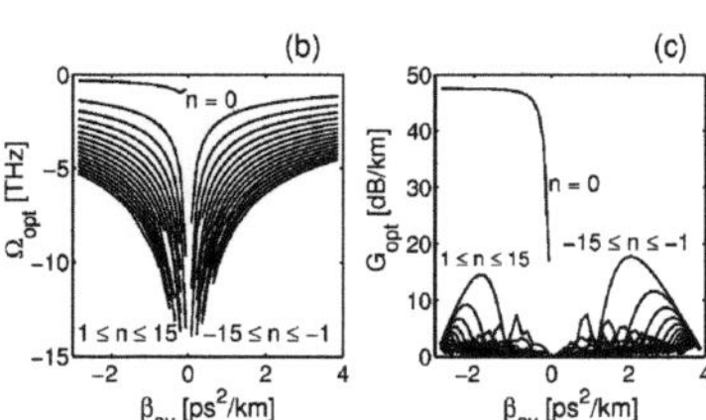

Fig. 4. MI gain as a function of the average dispersion β_{av}, obtained from the LSA, for $\tilde{\beta}=0.5$ ps^2/km, $\Delta\beta=7$ ps^2/km, $\beta_+=4$ ps^2/km, and $Z_d=30$ m. (a) Gain spectra. (b) Optimum modulation frequency. (c) Optimum gain.

Ambomo *et al.*

Vol. 25, No. 3/March 2008/J. Opt. Soc. Am. B   429

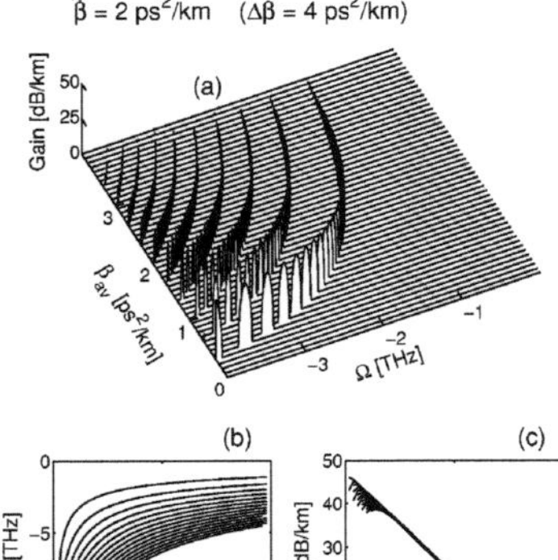

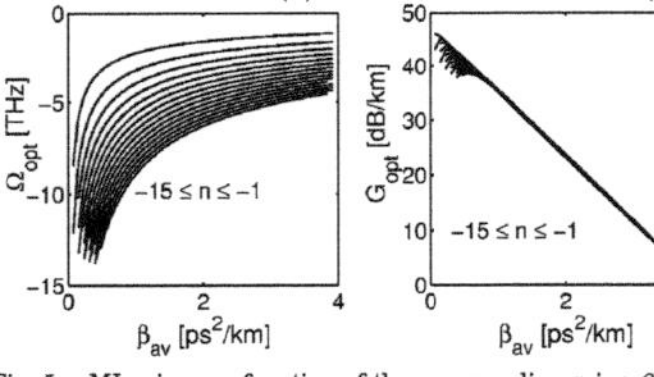

Fig. 5. MI gain as a function of the average dispersion β_{av}, obtained from the LSA, for the same parameter as for Fig. 4 but with $\tilde{\beta}$=2 ps^2/km and $\Delta\beta$=4 ps^2/km. (a) Gain spectra. (b) Optimum modulation frequency. (c) Optimum gain.

$$K_{\pm} = \pm \left[\left(\frac{\beta_{av}\Omega^2 + pk_d}{2} + \gamma P_0[1 - \rho + \rho\chi_R(-\Omega)] \right)^2 \right.$$

$$\left. - \gamma^2 P_0^2[1 - \rho + \rho\chi_R(-\Omega)]^2|g_p(\Omega)|^2 \right]^{1/2} . \tag{22}$$

The importance of modulational instability is measured by a power gain defined by

$$G(\Omega) = 2|\Im(K_{\pm})|. \tag{23}$$

4. RESULTS AND DISCUSSION

A major advantage of our fiber system with periodically varying dispersion comes from the availability of several control parameters, namely $\Delta\beta$, β_{av}, and Z_d, which can be set to any desired values through an appropriate choice of the lengths of the fiber segments (L_+, L_-) of the dispersion period. Moreover, unexpectedly we have found that the parameter

$$\tilde{\beta} = (\beta_+ + \beta_-)/2,$$

which we call central dispersion, has a strong influence on the power gain of the sidebands. In principle, to optimize such a system (which possesses several control parameters), one should carry out a multidimensional analysis applying simultaneous variations of all parameters. This approach is too complicated and time consuming. Instead,

in our detailed study we have noticed that two fundamental parameters (β_{av}, and $\tilde{\beta}$) dominate the others, and can be used to construct a fairly efficient optimization procedure. We have found that the MI spectra differ qualitatively depending on whether $\tilde{\beta}$=0 or $\tilde{\beta} \neq 0$. To conveniently display the results we separately discuss the two cases.

A. Optimization of Systems With Symmetric Dispersion Map ($\tilde{\beta}$=0)

Here we consider systems, which are hereafter called "symmetric systems," in which the dispersion coefficients of the two types of fibers of the system have exactly the same magnitude but with opposite signs: $\beta_+ = -\beta_- > 0$. It is worth noting that for symmetric systems the parameter $\Delta\beta$ can be set to any desired value ($\Delta\beta = 2\beta_+$) while keeping $\tilde{\beta}$ to zero. In the first step of our optimization procedure, we considered the effects of variation of the average dispersion in the following domain $\beta_- \leqslant \beta_{av} \leqslant \beta_+$ while the other control parameters are kept constant. We have successively considered two different values of β_+, which correspond to $\Delta\beta$=4 and 8 ps^2/km. Variation of β_{av} is achieved by simply varying the lengths of the fiber sections (L_+, L_-) while keeping the length of the dispersion period to a constant value, which is fixed to Z_d=30 m. Figures 2 and 3 display the MI gain spectra as a function of β_{av}, for $\Delta\beta$=4 and 8 ps^2/km, respectively. We observe the following general features:

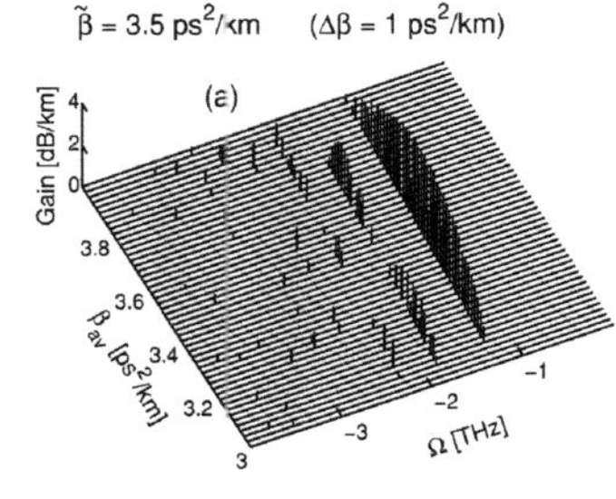

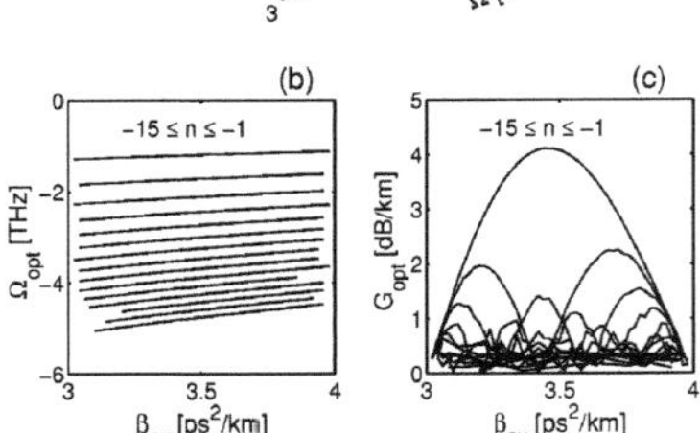

Fig. 6. MI gain as a function of the average dispersion β_{av}, obtained from the LSA, for the same parameter as for Fig. 4 but with $\tilde{\beta}$=3.5 ps^2/km and $\Delta\beta$=1 ps^2/km. (a) Gain spectra. (b) Optimum modulation frequency. (c) Optimum gain.

430   J. Opt. Soc. Am. B/Vol. 25, No. 3/March 2008

Ambomo *et al.*

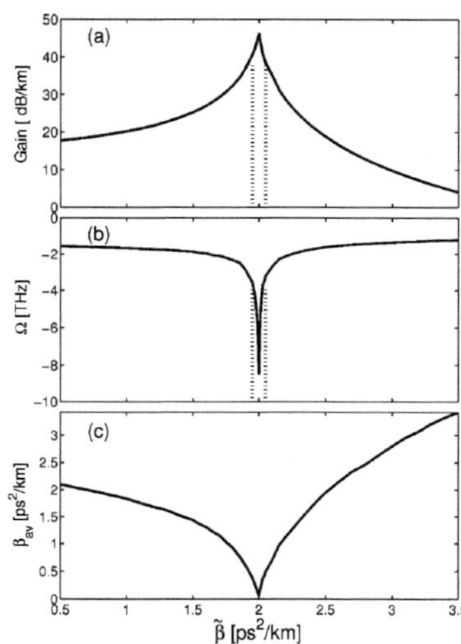

Fig. 7. MI obtained from the LSA. (a) Optimum gain, (b) optimum modulation frequency, and (c) optimum average dispersion as a function of the central dispersion $\tilde{\beta}$.

(i) In the anomalous dispersion regime ($\beta_{av} < 0$) the gain spectrum contains both the conventional sidebands ($n = 0$) and the NCSBs ($n \neq 0$), whereas only NCSBs are present in the normal dispersion regime ($\beta_{av} > 0$).

(ii) The gain for all the NCSBs vanishes whenever β_{av} attains the limits of the domain of variation of the average dispersion, (which are $\beta_{av} = \beta_+$ and $\beta_{av} = \beta_-$). A similar behavior of gain cancellation occurs for $\beta_{av} = 0$. As a consequence, in the case of a symmetric dispersion map, the sideband frequencies are symmetrically distributed with respect to $\beta_{av} = 0$, as can be seen in Figs. 2(b) and 3(b).

(iii) The conventional sideband appears at an OMF that is clearly smaller than those of the NCSBs.

(iv) For a given average dispersion, the OMFs for the different harmonics of the dispersion fluctuation (for example, $\Omega_{opt,n}$) increases with the harmonic order n ($|\Omega_{opt,n+1}| > |\Omega_{opt,n}|$), whereas the optimum gain increases for decreasingly small harmonic orders n. In other words the MI process favors the generation of the first harmonic ($n = 1$). Consequently hereafter we will mainly focus on this harmonic. Also, we will give more attention to the region of positive average dispersion, which permits to suppress the growth of the conventional sidebands.

(v) One of the most important results for systems with symmetric dispersion map is visible in Figs. 2(c) and 3(c), which reveal that a substantial variation of the strength of the dispersion fluctuation $\Delta\beta$ induces a clear variation

of the OMFs but has essentially no effect on the gain of the NCSBs.

B. Optimization of Systems With Asymmetric Dispersion Map ($\tilde{\beta} \neq 0$)
Here we have considered systems in which the two types of fibers have different magnitudes of dispersion ($|\beta_+| \neq |\beta_-|$). We have examined the following domain: $\beta_- \leqslant \beta_{av} \leqslant \beta_+$, in which the upper limit is fixed to $\beta_+ = 4$ ps²/km and the lower limit varies from $\beta_- = -3$ ($\tilde{\beta} = 0.5$) ps²/km to $\beta_- = 3$ ($\tilde{\beta} = 3.5$) ps²/km. Figures 4 display the MI gain spectra for $\tilde{\beta} = 0.5$ ps²/km, which corresponds to a case where the central dispersion is close to the zero dispersion point. Comparison between Figs. 3(a) and 4(a) does not reveal any significant qualitative difference with respect to the symmetric case. A careful comparison between Figs. 3(c) and 4(c) reveals only a slight increase of the optimum gain in the asymmetric case.

Figures 5 display the gain spectra for a case when the central dispersion is moderately far from the zero-dispersion point, that is $\tilde{\beta} = 2$ ps²/km. The most important result of Fig. 5 is clearly visible in Fig. 5(c), which reveals a dramatic enhancement of the optimum gain (by more than 20 dB/km) with respect to the gain for the symmetric case [see Fig. 2(c)], and a shift of the optimum average

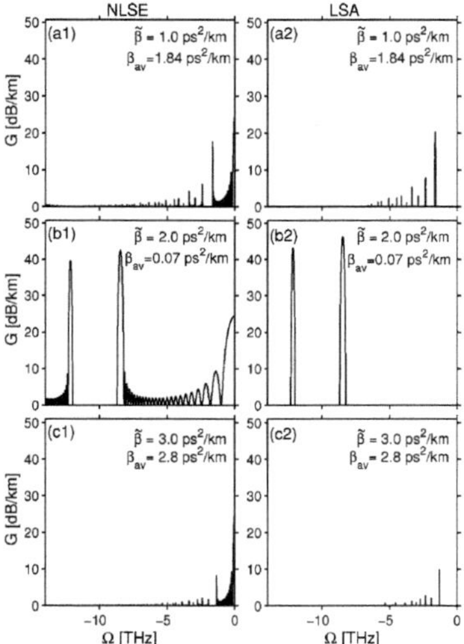

Fig. 8. MI gain spectrum [(a1), (b1), and (c1)] are obtained from the NLSE. [(a2), (b2), and (c2)] are obtained from the LSA. $Z_d = 30$ m, $\beta_+ = 4$ ps²/km, and ($\tilde{\beta} = 1$ ps²/km, $\beta_{av} = 1.84.6$ ps²/km), ($\tilde{\beta} = 2$ ps²/km, $\beta_{av} = 0.07$ ps²/km), and ($\tilde{\beta} = 3$ ps²/km, $\beta_{av} = 2.8$ ps²/km), respectively. $L_T = 25Z_d$.

Ambomo *et al.*

Vol. 25, No. 3/March 2008/J. Opt. Soc. Am. B   431

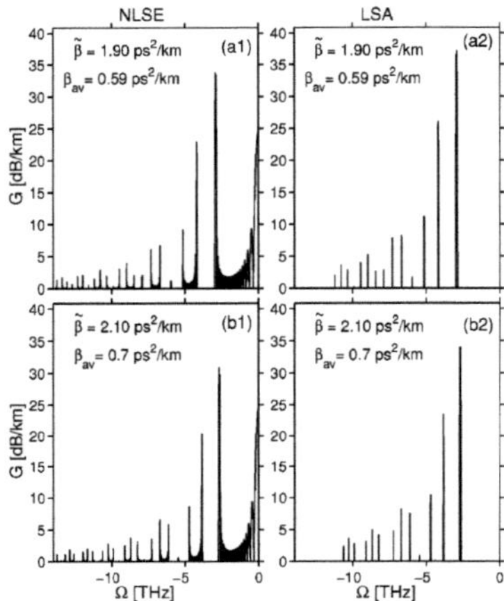

Fig. 9. MI gain spectrum. (a1) and (b1) are obtained from the NLSE. (a2) and (b2) are obtained from the LSA. Z_d=30 m, β_+ =4 ps^2/km, and ($\tilde{\beta}$=1.9 ps^2/km, β_{av}=0.59 ps^2/km) and ($\tilde{\beta}$ =2.1 ps^2/km, β_{av}=0.7 ps^2/km), respectively. Propagation distance L_T=25Z_d.

dispersion towards values that are significantly lower than those of the symmetric case.

On the other hand, Figs. 6, which we obtained for $\tilde{\beta}$ =3.5 ps^2/km, which correspond to a case where the central dispersion is much farther from the zero-dispersion point, demonstrate a dramatic drop of the MI gain, when compared with the case $\tilde{\beta}$=2 ps^2/km considered in Fig. 5. Thus, the general and most appealing feature that emerges from Figs. 4–6, is the indication of a possible existence of a critical behavior in the system. To make this point more clear, we have examined the whole parameter region 0.5 ps^2/km $\leqslant \tilde{\beta} \leqslant$ 3.5 ps^2/km, in a more careful and systematic manner, and we have obtained the values of the optimum gain, the corresponding (optimum) average dispersion, and (optimum) modulational frequency, for each value of $\tilde{\beta}$. The results are represented in Fig. 7, which exhibit several important features. In particular, the most outstanding feature is visible in Fig. 7(a), which confirms the existence of a critical parameter region around $\tilde{\beta}$=2 ps^2/km and β_{av}=0.07 ps^2/km, in which the NCSBs undergo a dramatic enhancement of the MI gain. On the other hand, knowing the approximate nature of the LSA, it becomes useful to confirm the existence of the critical behavior, by means of the NLSE. Figures 8(a1), 8(b1), and 8(c1), which show the gain spectra obtained by numerically solving the NLSE for $\tilde{\beta}$=1, 2, and 3 ps^2/km, respectively, confirm the enhancement of the power gain at $\tilde{\beta}$=2 ps^2/km, by more than 20 dB/km when compared with the power gain for $\tilde{\beta}$=1 and 3 ps^2/km. The second re-

markable observation in Fig. 8 is that the results given by the LSA [Figs. 8(a2), 8(b2), and 8(c2)] agree surprisingly well with those obtained by directly solving the NLSE. On the other hand, considering that the values of central dispersion chosen in Figs. 8(a1) and 8(c1) ($\tilde{\beta}$=1 and 3 ps^2/km) are sufficiently far from $\tilde{\beta}$=2 ps^2/km, we have also examined the cases where the values of the central dispersion are relatively close to $\tilde{\beta}$=2 ps^2/km. Hence, Figs. 9(a1) and 9(a2) and Figs. 9(b1) and 9(b2) show that the gains obtained for ($\tilde{\beta}$=1.90 ps^2/km, β_{av}=0.59 ps^2/km) and ($\tilde{\beta}$=2.10 ps^2/km, β_{av}=0.7 ps^2/km), respectively, display two common points:

(i) Both gains are clearly larger than any of the gains obtained for $\tilde{\beta}$=1 or 3 ps^2/km.

(ii) Both gains are clearly lower than the gain at $\tilde{\beta}$ =2 ps^2/km [Figs. 8(b1) and 8(b2)].

In other words the gain of the NCSBs of first order increases as $\tilde{\beta}$ comes close to $\tilde{\beta}$=2 ps^2/km, which is thereby the critical point (associated with the highest gain) predicted earlier by the LSA. An interesting feature of this critical behavior is that in the neighboring region of the critical point, the OMF displays a nonnegligible tunable region with substantially enhanced gain. This feature therefore provides some flexibility for generating NCSBs

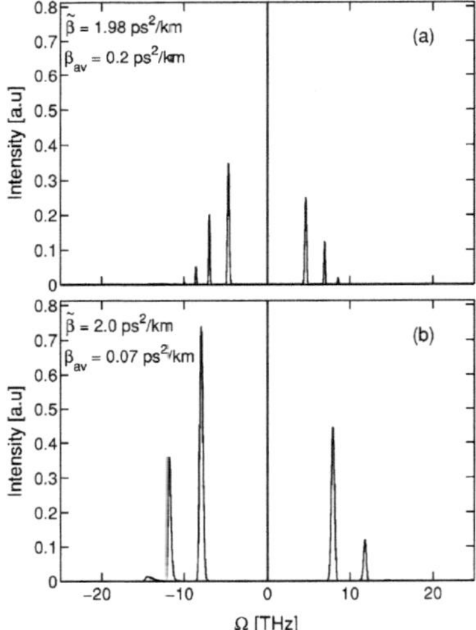

Fig. 10. MI gain spectrum. (a) and (b) are obtained from the NLSE. Z_d=30 m, β_+=4 ps^2/km, and ($\tilde{\beta}$=1.98 ps^2/km, β_{av} =0.2 ps^2/km) and ($\tilde{\beta}$=2 ps^2/km, β_{av}=0.07 ps^2/km), respectively. ρ=0.36. Propagation distance L_T=10Z_d.

Table 1. Critical Parameter Regions

$\tilde{\beta}_c$	$G(\tilde{\beta}_{cl})$ (dB/km)	$G(\tilde{\beta}_c)$ (dB/km)	$G(\tilde{\beta}_{cr})$ (dB/km)	Ω_{cl} (THz)	Ω_c (THz)	Ω_{cr} (THz)	β_{avl} (ps^2/km)	β_{avc} (ps^2/km)	β_{avr} (ps^2/km)
1	43.83	46.54	41.83	7.04	11.36	6.02	0.10	0.04	0.14
2	43.83	46.55	41.83	4.98	8.46	4.26	0.20	0.07	0.28
3	43.83	46.56	41.83	4.01	6.78	3.48	0.30	0.11	0.42
4	43.83	46.58	41.83	3.52	5.79	3.01	0.41	0.15	0.56
5	43.83	46.59	41.83	3.14	5.14	2.69	0.50	0.19	0.69

at any desired frequency over $\sim$6 THz of sideband tunability around the critical point, as illustrated in Figs. 10. Figures 10(a) and 10(b), demonstrate the generation of NCSBs (of first order) at frequency shifts $\Omega \simeq 5$ and 8 THz, through the following choice of system parameters: $(\tilde{\beta}=1.98$ ps^2/km, $\beta_{av}=0.2$ ps^2/km) and $(\tilde{\beta}=2.0$ ps^2/km, $\beta_{av}=0.07$ ps^2/km), respectively. Figure 10(a) corresponds to a parameter set close to the critical point, and Fig. 10(b) corresponds to the critical point. In both cases the sidebands are symmetrically distributed on either side of the pump frequency, but with a slightly higher intensity in the Stokes side of the spectrum, which is induced by the stimulated Raman scattering.

Here, it is worth noting that we have not yet discussed the influence of the length of the dispersion period (Z_d) on the NCSBs simply because variations of this parameter has no significant effect on the MI gain (when compared with the effects of variation of β_{av}). The only significant feature that we have observed, but not represented here, is a slight sensitivity of the frequency separation between two adjacent NCSBs (of orders n and $n+1$), with respect to the variation of Z_d. This separation decreases for increasingly large Z_d. The value $Z_d=30$ m chosen earlier corresponds to a situation where the sideband frequencies are sufficiently far each from the other, so that they can be clearly separated.

On the other hand, so far we have analyzed the critical behavior in the region corresponding to $\tilde{\beta}_c=2$ ps^2/km. In fact, our fiber system admits a family of critical points that correspond to different OMFs, as illustrated in Table 1, which shows a few critical points in the range 1 ps^2/km $\leqslant \tilde{\beta}_c \leqslant 5$ ps^2/km. Table 1 exhibits the following general features:

(i) Each critical point $(\tilde{\beta}_c, \beta_{avc})$ is obtained by using two types of fibers with coefficients $\beta_-=0$ and $\beta_+>0$ at the pump frequency, and optimizing the average dispersion to reach the maximum gain.

(ii) The sideband frequencies Ω_c increase for decreasingly small values of $(\tilde{\beta}_c, \beta_{avc})$.

(iii) For a chosen parameter set $(\tilde{\beta}_c, \beta_{avc})$, the enhancement of the MI gain is not strictly restricted the critical point. Around the critical point, the region of high gain ranges from $\tilde{\beta}_{cl} \sim 90\% \tilde{\beta}_c$ (on the left side of the critical point) to $\tilde{\beta}_{cr} \sim 110\% \tilde{\beta}_c$ (on the right side of the critical point). The corresponding average dispersion ranges from β_{avc} to $\beta_{avl} \approx 3\beta_{avc}$ ($\beta_{avr} \approx 3\beta_{avc}$) on the left (right) side of the critical point, while the OMF ranges from Ω_c to $\Omega_{cl} \approx 0.6\Omega_c$ ($\Omega_{cr} \approx 0.6\Omega_c$) on the left (right) side of the critical point.

5. CONCLUSION

In this paper we have established the existence of a critical behavior in the modulational instability spectra of wave propagation in fiber systems with periodically varying dispersion. This critical behavior manifests itself by a dramatic enhancement of the power of the nonconventional sidebands (induced by dispersion fluctuation). We have developed a procedure to easily design systems for operation in this critical regime of MI. The system design lies in an optimization procedure based on two parameters, namely, the average dispersion of the system (β_{av}) and the central dispersion $\tilde{\beta}$, that is, the mean value of the dispersion coefficients of the two types of fibers that make up the system. This optimization procedure requires the use of two standard fibers with zero and positive dispersion coefficients at the pump frequency, $\beta_-=0$ and $\beta_+>0$, respectively. The choice of $\beta+$ (or equivalently, $\tilde{\beta}$) determines the sideband frequency within a tunable range of about 10 THz. Then a careful tuning of the average dispersion (through an appropriate choice of the lengths of the fiber segments of the dispersion map) is sufficient to identify the optimum operating point (for generation of the NCSBs). Our fiber system with periodically varying dispersion and operation in the critical regime has many advantages over other MI fiber systems, such as a substantially increased MI gain, a relatively large tunable range of sideband frequency, and the availability of simple rules to design and optimize the system. In the viewpoint of practical applications in the area of optical communications, the quantitative level of the MI gain and the size of the frequency range of sideband tunability are not the only factors of high interest. Additional factors such as the cost constraint, complexity of system design, and technology availability are becoming key factors, which will determine the relevance of MI systems in the future. Current fiber technology, which uses photonic crystal fibers (PCFs) [14,15], allows one to obtain very large ranges of sideband tunability, but the design of such fibers is still a relatively elaborate procedure, and their performances are still very sensitive to fluctuations in the fiber parameters (index profile, core diameters, etc.) [16]. In this context, our fiber system, which makes use of conventional fibers while admitting parameter regions with dramatically increased gains, should provide excellent conditions to observe NCSBs with a relatively simple and low-cost experimental setup.

ACKNOWLEDGMENTS

This work has been carried under contract IFC/3504-F/2005/2064 between the Indo-French Centre for the Pro-

Ambomo *et al.*   Vol. 25, No. 3/March 2008/J. Opt. Soc. Am. B   433

motion of Advanced Research (IFC-PAR) and the Universities of Burgundy and Pondicherry. The authors thank K. Nakkeeran for fruitful discussions. S. Ambomo acknowledges the Service de Coopération et d'Action Culturelle (SCAC) for financial assistance. C. M. Ngabireng acknowledges the International Center for Theoretical Physics (ICTP) (through SIDA) for financial assistance. K. Porsezian acknowledges DST Council of Scientific and Industrial Research (CSIR) and DST Ramanna fellowship, Government of India, for financial assistance through projects.

REFERENCES

1. A. L. Berkhoer and V. E. Zakharov, "Self excitation of waves with different polarizations in nonlinear media," Sov. Phys. JETP **31**, 486–490 (1970).
2. G. P. Agrawal, "Modulational instability induced by cross-phase modulation," Phys. Rev. Lett. **59**, 880–883 (1987).
3. S. Wabnitz, "Modulation polarization instability of light in a nonlinear birefringent dispersive medium," Phys. Rev. A **38**, 2018–2021 (1988).
4. A. Hasegawa, "Generation of a train of soliton pulses by induced modulational instability in optical fibers," Opt. Lett. **9**, 288–290 (1984).
5. J. E. Rothenberg, "Modulation instability for normal dispersion," Phys. Rev. A **42**, 682–685 (1990).
6. P. D. Drummond, T. A. B. Kennedy, J. M. Dudley, R. Leonhardt, and J. D. Harvey, "Cross-phase modulational instability in high-birefringence fibers," Opt. Commun. **78**, 137–142 (1990).
7. G. P. Agrawal, *Nonlinear Fiber Optics*, 2nd ed. (Academic, 1995).
8. J. C. Bronski and J. N. Kutz, "Modulational stability of plane waves in nonreturn-to-zero communications systems with dispersion management," Opt. Lett. **21**, 937–939 (1996).
9. K. Pasu and A. Tuptim, "Sideband instability in the presence of periodic power variation and periodic dispersion management," in *Proceedings of the Optical Fiber Communication Conference (OFC2001)* (IEEE, 2001), paper WDD32.
10. F. Kh. Abdullaev, S. A. Darmanyan, and J. Garnier, "Modulational instability of electromagnetic waves in inhomogeneous and in discrete media," in *Progress in Optics*, E. Wolf, ed. (Elsevier, 2002), Vol. 44, pp. 303–365.
11. F. Consolandi, C. De Angelis, A. D. Capobianco, G. Nalesso, and A. Tonello, "Parametric gain in fiber systems with periodic dispersion management," Opt. Commun. **208**, 309–320 (2002).
12. A. Kumar, A. Labruyére, and P. Tchofo Dinda, "Modulational instability in fiber systems with periodic loss compensation and dispersion management," Opt. Commun. **219**, 221–232 (2003).
13. P. Kaewplung, T. Angkaew, and K. Kikuchi, "Complete analysis of sideband instability in chain of periodic dispersion-managed fiber link and its effect on higher order dispersion-managed long-haul wavelength-division multiplexed systems," J. Lightwave Technol. **20**, 1895–1907 (2002).
14. J. D. Harvey, R. Leonhardt, S. Coen, G. K. L. Wong, J. C. Knight, W. J. Wadsworth, and P. St. J. Russell, "Scalar modulation instability in the normal dispersion regime by use of a photonic crystal fiber," Opt. Lett. **28**, 2225–2227 (2003).
15. G. K. L. Wong, A. Y. H. Chen, S. G. Murdoch, R. Leonhardt, J. D. Harvey, N. Y Joly, J. C. Knight, W. J. Wadsworth, and P. St. J. Russell, "Continuous-wave tunable optical parametric generation in a photonic-crystal fiber," J. Opt. Soc. Am. B **22**, 2505–2511 (2005).
16. J. S. Y. Chen, S. G. Murdoch, R. Leonhardt, and J. D. Harvey, "Effect of dispersion fluctuations on widely tunable optical parametric amplification in photonic crystal fibers," Opt. Express **14**, 9491–9501 (2006).
17. K. Tai, A. Hasegawa, and A. Tomita, "Observation of modulational instability in optical fibers," Phys. Rev. Lett. **56**, 135–138 (1986).
18. A. Labruyere, S. Ambomo, C. M. Ngabireng, P. Tchofo Dinda, K. Nakkeeran, and K. Porsezian, "Suppression of sideband frequency shifts in the modulational instability spectra of wave propagation in optical fiber systems," Opt. Lett. **32**, 1287–1289 (2007).
19. S. Sudo, H. Itoh, K. Okamoto, and K. Kubodera, "Generation of 5 THz repetition optical pulses by modulation instability in optical fibers," Appl. Phys. Lett. **54**, 993–994 (1989).
20. F. Kh. Abdullaev, S. A. Darmanyan, A. Kobyakov, and F. Lederer, "Modulational instability in optical fibers with variable dispersion," Phys. Lett. A **220**, 213–218 (1996).
21. N. J. Smith and N. J. Doran, "Modulation instability in fibers with periodic dispersion management," Opt. Lett. **21**, 570–572 (1996).
22. J. Garnier, F. Kh. Abdullaev, E. Seve, and S. Wabnitz, "Role of polarization mode dispersion on modulational instability in optical fibers," Phys. Rev. E **63**, 066616 (2001).
23. F. Kh. Abdullaev and J. Garnier, "Modulational instability of electromagnetic waves in birefringent fibers with periodic and random dispersion," Phys. Rev. E **60**, 1042–1050 (1999).
24. F. Kh. Abdullaev, S. A. Darmanyan, S. Bischoff, and M. P. Sorensen, "Modulational instability of electromagnetic waves in media with varying nonlinearity," J. Opt. Soc. Am. B **14**, 27–33 (1997).
25. N. Akhmediev and V. I. Korneev, "Modulation instability and periodic solutions of the nonlinear Schrodinger equation," Theor. Math. Phys. **69**, 1089–1092 (1986).
26. F. Matera, A. Mecozzi, M. Romagnoli, and M. Settembre, "Sideband instability induced by periodic power variation in long-distance fiber links," Opt. Lett. **18**, 1499–1501 (1993).
27. K. Kikuchi, C. Lorattanasane, F. Futami, and S. Kaneko, "Observation of quasiphase matched four-wave mixing assisted by periodic power variation in a long-distance optical amplifier chain," IEEE Photon. Technol. Lett. **7**, 1378–1380 (1995).
28. S. Trillo and S. Wabnitz, "Bloch wave theory of modulational polarization instabilities in birefringent optical fibers," Phys. Rev. E **56**, 1048–1058 (1997).
29. G. Millot, P. Tchofo Dinda, E. Seve, and S. Wabnitz, "Modulational instability and stimulated Raman scattering in normally dispersive highly birefringent fibers," Opt. Fiber Technol. **7**, 170–205 (2001).
30. R. Hellwarth, "Third-order optical susceptibilities of liquids and solids," Prog. Quantum Electron. **5**, 1–68 (1977).
31. C. Lin, "Designing optical fibers for frequency conversion and optical amplification by stimulated Raman scattering and phase matched four-photon mixing," J. Opt. Commun. **4**, 2–9 (1983).
32. P. Tchofo Dinda, G. Millot, and S. Wabnitz, "Polarization switching and suppression of stimulated Raman scattering in birefringent optical fibers," J. Opt. Soc. Am. B **15**, 1433–1441 (1998).

Annexe B

Méthode de Fourier à pas divisé

Pour simuler numériquement les équations de schrödinger non linéaires, de nombreuses méthodes ont été proposées [70, 71, 72, 73, 74, 75, 76, 77, 78]. Ces méthodes peuvent être classées en deux catégories principales : les méthodes de différences finies et les méthodes pseudo-spectrales. De manière générale, ces dernières sont plus rapides d'un facteur 10 ou plus pour la même précision [79]. La méthode pseudo-spectrale qui a été le plus utilisée pour le cas de la propagation d'impulsion dans les milieux dispersifs et non linéaires est la méthode dite de Fourier à pas divisé [70, 71, 72]. La relative rapidité de cette méthode comparée aux méthodes de différences finies peut être attribuée en partie à l'utilisation d'algorithmes de transformée de Fourier rapides (FFT).

B.1   Principe de la méthode

Par soucis de clarté , nous allons décrire la méthode de Fourier à pas divisé dans le cas de l'équation de Schrodinger scalaire suivante :

$$\frac{\partial A}{\partial z} = -\frac{\alpha}{2}A - i\frac{\beta}{2}\frac{\partial^2 A}{\partial t^2} + i\gamma|A|^2 A. \tag{B.1}$$

Cette équation décrit par exemple la propagation d'une onde dans une fibre standard non biréfringente dans laquelle les pertes ont été prises en compte. Pour comprendre la philosophie qui se cache derrière la méthode de Fourier à pas divisé, il est utile de réécrire cette équation

143

(B.1) sous la forme

$$\frac{\partial A}{\partial z} = (\hat{D} + \hat{N})A, \tag{B.2}$$

où $\hat{D}$ est un opérateur différentiel qui englobe la dispersion et l'absorption et $\hat{N}$ est l'opérateur non linéaire. Ces opérateurs sont donnés par

$$\hat{D} = -i\frac{\beta_2}{2}\frac{\partial^2}{\partial t^2} - \frac{\alpha}{2}, \hat{N} = i\gamma|A|^2. \tag{B.3}$$

La dispersion et la non linéarité agissent simultanément le long de la fibre. La méthode de Fourier à pas divisé, fait l'approximation que sur une faible distance h les effets dispersifs et non linéaires agissent indépendamment. La propagation entre z et $z + h$ est réaliée en deux pas. Dans le premier pas, la non linéarité agit seule $\hat{D} = 0$. Dans le deuxième pas , c'est la dispersion qui agit seule et $\hat{N} = 0$. Lorsque l'on résoud l'équatior. (B.1) dans ces deux pas, on aboutit à

$$A(z + h, t) \approx exp(h\hat{D})exp(h\hat{N})A(z, t) \tag{B.4}$$

Comme l'opérateur différentiel $\partial/\partial t$ se transforme en $i\omega$ dans l'espace des fréquences, l'opérateur $\hat{D}$ sera calculé dans l'espace de Fourier. Ce calcul s'écrit

$$exp(h\hat{D})A(z, t) = F^{-1}exp[h\hat{D}(i\omega)F]A(z, t). \tag{B.5}$$

où F symbolise la transformée de Fourier, $\hat{D}(i\omega)$ est obtenue en remplaçant $\partial/\partial t$ par $i\omega$ et ω est la fréquence dans l'espace de Fourier. Comme $\hat{D}(i\omega)$ est juste un nombre dans l'espace de Fourier, le calcul de (B.3) est alors direct. Quant à l'opérateur non linéaire $\hat{N}$, il se calcul de la manière suivante :

$$exp(h\hat{N})A(z, t) = exp(ih|A(z, t)|^2)A(z, t). \tag{B.6}$$

B.2 Précision de la méthode

Pour estimer la précision de la méthode de Fourier à pas divisé, il faut d'abord noter que la solution exacte de l'équation (B.2) est donnée par

$$A(z + h) = exp[h(\hat{D} + \hat{N})]A(z, t), \tag{B.7}$$

si $\hat{N}$ est supposé indépendant de z. Rappelons la formule de Baker-Hausdorff[169] pour deux opérateurs $(\hat{a})$ et $(\hat{b})$ qui ne commutent pas :

$$exp(\hat{a})exp(\hat{b}) = exp(\hat{a} + \hat{b}\frac{1}{2}[\hat{a}, \hat{b}] + \frac{1}{12}[\hat{a} - \hat{b}[\hat{a}, \hat{b}]] + ...) \tag{B.8}$$

où $[\hat{a}, \hat{b}] = \hat{a}\hat{b} - \hat{b}\hat{a}$ est le commutateur de $\hat{a}$ et $\hat{b}$. Une comparaison entre les deux équations (B.4) et (B.7) montrent que la méthode de Fourier à pas divisé suppose que les opérateurs $\hat{D}$ et $\hat{N}$ commutent. En utilisant la formules (B.8) avec $\hat{a} = h\hat{D}$ et $\hat{b} = h\hat{N}$, on trouve que l'erreur principale vient du terme $1/2h^2[\hat{D}, \hat{N}]$. Ainsi, la méthode est précisée au second ordre en h.

B.3 Méthode de Fourier à pas divisé symétrique

La précision de la méthode de Fourier à pas divisé peut être augmentée en modifiant la procédure de calcul de (B.4) par

$$A(z + h, t) \approx exp(\frac{h}{2}\hat{D})exp(h\hat{N})exp(\frac{h}{2}\hat{D})A(z, t). \tag{B.9}$$

Avec cette nouvelle procédure de calcul, l'erreur vient cette fois du double commutateur de l'équation (B.8), ce qui donne une précision en h^3. A cause de la symétrie des opérateurs dispersifs par rapport à l'opérateur non linéaire, cette méthode est appelée méthode de Fourier à pas divisé symétrique.

B.4   Application aux équations de Schrödinger non linéaires couplées

B.4.1   Cas de la fibre faiblement biréfringente

les équations de propagation dans une fibre faiblement biréfringente sont données dans la base linéaire par les équations (4.1a) et (4.1b). Dans cette base la partie purement linéaire s'écrit

$$\frac{\partial}{\partial z}\begin{pmatrix} A_p \\ A_q \end{pmatrix} = \begin{bmatrix} |A_p|^2 + \frac{2}{3}|A_q|^2 & \frac{1}{3}A_q A_p^* \\ \frac{1}{3}A_p A_q^* & |A_q|^2 + \frac{2}{3}|A_q|^2 \end{bmatrix}\begin{pmatrix} A_p \\ A_q \end{pmatrix} \tag{B.10}$$

Contrairement au cas scalaire décrit plus haut, l'opérateur non-linéaire est cette fois donné par une matrice, ce qui va considérablement compliquer les choses. En effet, il faut se rappeler que A_p et A_q désignent l'amplitude du champ suivant les deux axes de la fibre et par conséquent ce sont des fonctions qui dépendent du temps. Puisque pour traiter numériquement ces amplitudes, on est obliger de les discrétiser, les amplitudes A_p et A_q sont alors des vecteurs. Dans le cas scalaire traité plus haut, l'opérateur était simplement un nombre $(\gamma|A|^2)$, ce qui signifie que le calcul de l'expression (B.6) est rapide lorsque le champ $A(z,t)$ est un vecteur. En effet, dans les langages de programmation utilisant le calcul vectoriel tels que Matlab, le Fortran ou le C, il est possible de calculer l'exponentielle de tous les termes d'un vecteur sans avoir à faire de boucle. Par contre, pour le calcul de l'expression (B.10) il est nécessaire de calculer l'exponentielle d'une matrice. Or, une telle opération n'est pas vectorisable et il faut alors une boucle à l'intérieur de laquelle on effectue le calcul de l'exponentielle matricielle pour chaque temps t. Ce calcul est beaucoup plus lent. Pour remédier à cela, il faut trouver une base dans laquelle chacun des termes non linéaire soit uniquement proportionnel au champ correspondant. En d'autre termes, il faut chercher une base qui diagonalise la matrice de l'équation (B.10). La base circulaire permet de satisfaire cette condition optimale. En effet, si on regarde les équations SNLC (4.3a) et (4.3b), on remarque que les termes non linéaires sont respectivement proportionnels à A_+ et A_- pour les équations gouvernant l'évolution de A_+ et A_-. Dans cette base, le terme non linéaire pourra donc être facilement calculé puisque le calcul vectoriel est cette fois possible. Les opérateurs non linéaires associés à la composante circulaire droite (A_+) et gauche (A_-) s'écrivent :

$$\hat{N}_+ = \frac{2}{3}\gamma(|A_+|^2 + 2|A_-|^2), \hat{N}_- = \frac{2}{3}\gamma(|A_-|^2 + 2|A_+|^2). \tag{B.11}$$

Toutefois, si on regarde la partie purement dispersive, on s'aperçoit que contrairement à la base linéaire, il y a des termes proportionnels à A_+ et A_- dans chaque équation. Par conséquent, la base la plus adaptée au calcul des termes dispersifs, n'est pas la base circulaire mais la base linéaire. Dans cette base, les opérateurs dispersifs relatifs aux axes p et q s'écrivent

$$\hat{D}_p = i\left(\omega\delta + \frac{\Delta\beta}{2} + \frac{\beta_2}{2}\omega^2\right), \hat{D}_q = i\left(-\omega\delta + \frac{\Delta\beta}{2} + \frac{\beta_2}{2}\omega^2.\right) \tag{B.12}$$

Sachant que les termes dispersifs et non linéaires sont respectivement plus facile à calculer dans les bases linéaire et circulaire, il faudra donc changer à chaque fois de base entre le calcul de l'opérateur dispersif $\hat{D}_{p,q}$ et $\hat{N}_\pm$.

B.5 Limitations de la méthode

Bien qu'elle soit plus rapide que les méthodes de différence finie, il existe un domaine de fonction dans lequel la méthode de Fourier à pas divisé ne peut être utilisée. Ces fonctions particulières sont celles qui ont des valeurs différentes à leurs deux extrémités. De telles fonctions ne satisfont pas les conditions de périodicité nécessaires au calcul de la transformée de Fourier discrète. Par exemple, un soliton noir unique qui est décrit par la fonction tanh appartient à cette catégorie de fonction puisque ses limites en $+\infty$ et $-\infty$ valent respectivement 1 et -1. Pour étudier la propagation d'un soliton noir unique il faut donc soit l'inclure dans une gaussienne dont la largeur est bien plus grande que la largeur du soliton noir, soit utiliser la méthode de différence finie avec conditions aux bords.

Annexe C

Abréviations

IM :instabilité modulationnelle

FMO : fréquence modulationnelle optimale

ESNL : équation de Schrödinger non linéaire

ESNLC : équations de Schrödinger non linéaire couplées

FI : fibre idéale

DDF : fibre à dispersion décroissante

BD-DDF : fibre à dispersion décroissante-biréfringence décroissanze

FC : fibre conventionnelle

A3DMF : fibre à gestion de dispersion dispersion moyenne décroissante

BD-A3DMF : fibre à gestion de dispersion-dispersion moyenne décroissante-biréfringence décroissante

IMP : instabilité modulationnelle polarisée

BL : bandes latérales

BLC : bandes latérales conventionnelles

BLNC : bandes latérales non conventionnelles

ASL : analyse de stabilité linéaire

Bibliographie

[1] E. DESURVIRE. Erbium doped amplifiers : principles and applications. Wiley., 1994.

[2] M. KARASEK. The design of L-band EDFA for miltiwavelength applications. J. Opt. A., 3 :96–102, 2001.

[3] Y. LIANG, J. W. LOU, J. K. ANDERSEN, J. C. STOCKER, O. BOYRAZ, M. N. ISLAM, and D. A. Nolan. Polarization-insensitive nonlinear optical loop mirror demultiplexer with twisted fiber. Opt. Lett., 24 :726–728, 1999.

[4] A. H. LIANG, H. TODA, and A. HASEGAWA. High speed soliton transmission in dense periodic fibers. Opt. Lett., 24 :799–801, 1999.

[5] L.J. RICHARDSON, W. FORYSIAK, and N. J. DORAN. Trans-oceanic 160-Gbit/s single-channel transmission using short-period dispersion management. IEEE Photon. Technol. Lett., 13 :209–211, 2001.

[6] J. MARTENSSON, and A. BERTSON. Dispersion-managed soliton for 160-Gbit/s data transmission. IEEE Photon. Technol. Lett., 13 :666–668, 2001.

[7] T. HIROOKA, T. NAKADA, and A. HASEGAWA. Feasibility of densely dispersion managed soliton transmission at 160 Gb/s. IEEE Photon. Technol. Lett., 12 :633, 2000.

[8] T. TANIUTI, and H. WASHIMI. Self-trapping and instability of hydrodynamic waves along the magnetic field in a cold plasma. Phys.Rev.Lett., 21 :209, 1968.

[9] T.B. BENJAMIN, and J.E. FEIR. The disintegration of wave trains on deep water. J.Fluid.Mech., 27 :417, 1967.

[10] Y.S. KIVSHAR, and M. PEYRARD. Modulational instablities in discrete lattices. Phys.Rev.A., 46 :3198–3205, 1992.

[11] J.M. BILBAULT, P. MARQUIE, and B. MICHAUX. Modulational instability of two counterpropagating waves in a experimental transmission line. Phys.Rev.E., 51 :817, 1995.

[12] V. BEREZHIANI, V. SKARKA, and R. MIKLASZEWSKI. Modulational instability of electromagnetic radiation in narrow gap semiconductors. Phy.Rev.B., 57 :6251, 1998.

[13] A. HASEGAWA, and W.F. BEINKMAN. Tunable coherent ir and fir sources utilizing modulational instability. IEEE. J. Quant. Electron., 16 :694, 1980.

[14] A. HASEGAWA, and F. TAPPERT. Transmission of stationary nonlinear optial pulses in dispersive dielectric fibers. i. anomalous dispersion. Appl. Phys. Lett., 23 :142, 1973.

[15] K. TAI, A. HASEGAWA, and A. TOMITA. Observation of modulational instability in optical fibers. Phys. Rev. Lett., 56 :135–138, 1986.

[16] G. P. AGRAWAL. Nonlinear Fiber Optics. Second Edition, Academic Press, San Diego, 1995.

[17] J.P. POCHOLLE. L'optique guidee monomode and ses applications. Masson, 1984.

[18] D.N. PAYNE, A.J. BARLOW, and J.J. HANSEN. Developpement of low-and high-birefringence optical fibers. IEEE.J,Quant.Electron., 18 :477–487, 1982.

[19] D. MARCUSE. Light transmission optics. Van Nostrand Reinhold.New York., 1982.

[20] I.H. MALITSON. Interspecimen comparison of the refractive index of fused silica. J.Opt.Soc.Am.B., 55 :1205, 1965.

[21] Y.R. SHEN. Principle of nonlinear optics. Wiley, New York. 1984.

[22] Y. CHEN. combined processes of stmulated raman scattering and four-wave mixingin optical fibers. J. Opt. Soc. Am. B, 7 :43–52, 1990.

[23] M. M. T. LOY Y. R. SHEN. Theoretical interpretation of small-scale filaments of light originating from moving focal spots. Phys. Rev., 3 :2099–2105, 1971.

[24] F. SHIMIZU. Frequency broadening in liquids by a short light pulse. Phys. Rev. Lett., 19 :1097, 1967.

[25] R. H. STOLEN, and C. LIN,. self -phase-modulation in silica optical fibers. phys. Rev A, 17 :1448, 1978.

[26] A. HASEGAWA, and M. MATSUMOTO. Optical solitons in Fibers. Springer Verlag, Germany, 2003.

[27] A. L. BERKHOER, and V. E. ZAKHAROV. self excitation of waves with different polarizations in nonlinear media. Sov. Phys. JETP., 31 :485–490, 1970.

[28] G. P. AGRAWAL. Modulational instability induced by cross-phase modulation. Phys. Rev. Lett., 59 :880–883, 1987.

[29] S. WABNITZ. Modulation polarization instability of light in a nonlinear birefringent dispersive medium. Phys. Rev. A., 38 :2018–2021, 1988.

[30] A. HASEGAWA. Generation of a train of soliton pulses by induced modulational instablity in optical fibers. Opt.Lett., 9 :288, 1984.

[31] J.E. ROTHENBERG. Modulational instability for normal dispersion. Phy.Rev.A., 42 :682, 1990.

[32] P. D. DRUMMOND, T. A. B. KENNEDY, J. M. DUDLEY, R. LEONHARDT,and J. D. HARVEY. Cross-phase modulational instability in high-birefringence fibers. Opt. Commun., 78 :137–142, 1990.

[33] J. C. BRONSKI, and J. N. KUTZ,. Modulational stability of plane waves in nonreturn-to-zero communications systems with dispersion management. Opt. Lett., 21 :937–939, 1996.

[34] K. PASU, and A. TUPTIM. Sideband instability in the presence of periodic power variation and periodic dispersion management. Proc. Opt. Fiber Commun. (OFC2001) Anaheim, CA, Mar. 17-22, Paper WDD32., 2001.

[35] F. Kh. ABDULLAEV, S. A. DARMANYAN, and J. GARNIER. Modulational instability of electromagnetic waves in inhomogeneous and in discrete media. Progress in Optics, edited by E. Wolf, Elsevier, Amsterdam, 44 :303–365, 2002.

[36] F. CONSOLANDI, C. DE ANGELIS, A. D. CAPOBIANCO, G. NALESSO, and A. TONELLO. Parametric gain in fiber with periodic dispersion management. Opt. Commun., 208 :309–320, 2002.

[37] A. KUMAR, A. LABRUYÈRE, and P. TCHOFO DINDA. Modulational instability in fiber systems with periodic loss compensation and dispersion management. Opt. Commun., 219 :221–232, 2003.

[38] P. KAEWPLUNG, T. ANGKAEW, and K. KIKUCHI. Complete analysis of sideband instability in chain of periodic dispersion-managed fiber link and its effect on higher order dispersion-managed long-haul wavelength-division multiplexed systems. J. Lightwave Technol., 20 :1895–1907, 2002.

[39] J. D. HARVEY, R. LEONHARDT, S. COEN, G. K. L. WONG, J. C. KNIGHT, W. J. WADSWORTH, and P. St. J. RUSSELL. Scalar modulation instability in the normal dispersion regime by use of a photonic crystal fiber. Opt. Lett., 28 :2225–2227, 2003.

[40] G. K. L. WONG, A. Y. H. CHEN, S. G. MURDOCH, R. LEONHARDT, J. D. HARVEY, N. Y. JOLY, J. C. KNIGHT, W. J. WADSWORTH, and P. St. J. RUSSELL. Continuous-wave tunable optical parametric generation in a photonic-crystal fiber. J. Opt. Soc. Am. B., 22 :2505–2511, 2005.

[41] J. S. Y. CHEN, S. G. MURDOCH, R. LEONHARDT, and J. D. HARVEY. Effect of dispersion fluctuations on widely tunable optical parametric amplification in photonic crystal fibers. Opt. Express., 14 :9491–9501, 2006.

[42] K. TAI, A. HASEGAWA, and A. TOMITA. Observation of modulational instability in optical fibers. Phys. Rev. Lett., 56 :135–138, 1986.

[43] A. LABRUYERE, S. AMBOMO, C. M. NGABIRENG, P. TCHOFO DINDA, K. NAKKEERAN,

and K. PORSEZIAN. Suppression of sideband frequency shifts in the modulational instability spectra of wave propagation in optical fiber systems. Opt. Lett., 32 :1287–1289, 2007.

[44] S. SUDO, H. ITOH, K. OKAMOTO, and K. KUBODERA. Generation of 5 thz repetition optical pulses by modulation instability in optical fibers. Appl. Phys. Lett., 54 :993–994, 1989.

[45] F. Kh. ABDULLAEV, S. A. DARMANYAN, A. KOBYAKOV, and F. LEDERER. Modulational instability in optical fibers with variable dispersion. Phys. Lett. A., 220 :213–218, 1996.

[46] N.J. SMITH and N.J. DORAN. Modulation instability in fibers with periodic dispersion management. Opt. Lett., 21 :570–572, 1996.

[47] J. GARNIER, F.Kh. ABDULLAEV, E. SEVE, and S. WABNITZ. Role of polarization mode dispersion on modulational instability in optical fibers. Phys. Rev. E., 63 :066616, 2001.

[48] F.Kh. ABDULLAEV, and J. GARNIER. Modulational instability of electromagnetic waves in birefringent fibers with periodic and random dispersion. Phys. Rev. E., 60 :1042–1050, 1999.

[49] F. Kh. ABDULLAEV, S. A. DARMANYAN, S. BISCHOFF, and M. P. SORENSEN. Modulational instability of electromagnetic waves in media with varying nonlinearity. J. Opt. Soc. Am. B., 14 :27–33, 1997.

[50] N. AKHMEDIEV and V.I. KORNEEV. Modulation instability and periodic solutions of the nonlinear schrödinger equation. Theor. and Math. Phys., 69 :1089–1092, 1986.

[51] F. MATERA, A. MECOZZI, M. ROMAGNOLI, and M. SETTEMBRE. Sideband instability induced by periodic power variation in long-distance fiber links. Opt. Lett., 18 :1499–1501, 1993.

[52] K. KIKUCHI, C. LORATTANASANE, F. FUTAMI, and S. KANEKO. Observation of quasiphase matched four-wave mixing assisted by periodic power variation in a long-distance

optical amplifier chain. IEEE Photon. Technol. Lett., 7 :1378–1380, 1995.

[53] S. TRILLO, and S. WABNITZ. Bloch wave theory of modulational polarization instabilities in birefringent optical fibers. Phys. Rev. E., 56 :1048–1058, 1997.

[54] G. MILLOT, P. TCHOFO DINDA, E. SEVE, and S. WABNITZ. Modulational instability and stimulated raman scattering in normally dispersive highly birefringent fibers. Optical Fiber Technology., 7 :170–205, 2001.

[55] R. HELLWARTH. Third-order optical susceptibilities of liquids and solids. Prog. Quantum Electron., 5 :1, 1977.

[56] C. LIN. Designing optical fibers for frequency conversion and optical amplification by stimulated RAMAN scattering and phase matched four-photon mixing. J. Opt. Commun., 4 :2–9, 1983.

[57] P. TCHOFO DINDA, G. MILLOT, and S. WABNITZ. Polarization switching and suppression of stimulated RAMAN scattering in birefringent optical fibers. J. Opt. Soc. Am. B., 15 :1433–1441, 1998.

[58] E. J. GREER, D. M. PATRICK, P. G. J. WIGLEY, and J. R. TAYLOR. Generation of 2 thz repetition rate pulse trains trough induced modulational instability. Electron. Lett., 25 :1246, 1989.

[59] M. KARLSSON. Modulational instability in lossy optical fibers. J. Opt. Soc. Am. B., 12 :2071–2077, 1995.

[60] E.SEVE. Instabilité modulationnelle dans les fibres optiques biréfringentes.Application à la génération des solitons noirs et aux processus de conversion de fréquence. Thèse, 1999.

[61] G. MILLOT, E. SEVE, S. WABNITZ, and M. HAELTERMAN. Observation of induced modulational polarisation instabilities and pulse-train generation in the normal-dispersion regime of a birefringent optical fiber. J.Opt.Soc.Am.B., 15 :1266–1277, 1998.

[62] E. Seve, G. Millot, S. Wabnitz, T. Sylvestre, and H. Maillotte. Generation of vector dark soliton trains by induced modulational instability in a highly birefringent fiber. J.Opt.Soc.Am.B., 16 :1642, 1999.

[63] E. Seve, G. Millot, and S. Wabnitz. Buildup of terahetz vector dark soliton trains from induced modulation instability in highly birefringent optical fiber. Opt.Lett., 23 :1829, 1998.

[64] TSylvestre, S. Coen Ph. Emplit, and M. Haelterman . Self-induced modulational instability laser revisited : normal dispersion and dark pulse train generation. Opt. Lett., 27 :482–484, 2002.

[65] E. Seve, P. Tchofo-Dinda, G. Millot, M. Haelterman, J.M. Bilbault, and M. Haelterman. Modulation instability and critial regime in an optical fiber. Phy.Rev.A., 54 :3519, 1996.

[66] R.H.Stolen. Phase-matched stimulated four photon mixing in silica fiber waveguides. IEEE J. Quantum Electron., 11 :100, 1975.

[67] P. Tchofo-Dinda, G. Millot, E. Seve, and M. Haelterman. Demonstration of a nonlinear gap in the modulational instability soectra of wave propagation in highly birefringent fibers. Opt.Lett., 21 :1640, 1996.

[68] G. Millot, S. Pitois, P. Tchofo-Dinda, and M. Haelterman. Observation of modulational instability induced by velocity-matched cross-phase modulation in the normal dispersion regime of a bimodal fiber. Opt.Lett., 22 :1686, 1997.

[69] T.Sylvestre, H. Maillotte, E. Lantz, and F. Devaux . Pump-power-dependent gain for small-signal parametric amplification in birefringent fibres. Optics. Commun., 191 :245–251, 2001.

[70] R.H. Hardin, and F.D. Tappert,. SIAM Rev. Chronicle, 15 :423, 1973.

[71] R.A. Fisher, and W.K. Bischel. Appl. Phys. Lett., 23 :661, 1973.

[72] R.A. FISHER, and W.K. BISCHEL. J. Appl. Phys., 48 :4921, 1975.

[73] V. I. KARPMAN. Self-modulation of nonlinear plane wave in dispersive media. JETP.Lett., 6 :277–279, 1967.

[74] N. YAJIMA, and A. OUTI,. Prog. Theor. Phys., 45 :1997, 1971.

[75] M. J. ABLOWITZ, and J.F. LADIK. Stud. Appl. Math., 55 :2̲3, 1976.

[76] I.S. GRIEG, and J.L. MORRIS,. J. Compl. Phys., 20 :60, 1978.

[77] B. FORNBERG, and N. J. WHITHAM. Phil. Trans. Roy. Soc., 289 :373, 1978.

[78] M. DELFOUR, M. FORTIN, and G. PAYRE. J. Compl. Phys., 44 :277, 1981.

[79] T. R. TAHA, and M. J. ABLOWITZ. J. Comp. Phys., 55 :203, 1984.

Optimisation des processus d'instabilité modulationnelle par la technique des fibres optiques à gestion de dispersion

Résumé : Ce mémoire de thèse porte sur l'optimisation des processus d'instabilité modulationnelle (IM) par la technique des fibres optiques gérées en dispersion. La méthodologie choisie pour nos travaux consiste, d'une part, à identifier les phénomènes de propagation les plus pénalisants pour la performance des systèmes de génération des instabilités scalaire ou vectorielle, et ensuite, proposer des solutions permettant une réduction par voie purement optique de ces pénalités.

Nous démontrons ainsi qu'il est possible de générer des bandes latérales d'IM scalaire (dites " non conventionnelles ") en régime de dispersion normale où, en principe, elles devraient être absentes. Cette génération d'IM est obtenue au moyen d'un système de fibres à variation périodique de dispersion, et par un ajustement précis des paramètres de la carte élémentaire de dispersion

Finalement nous proposons deux systèmes, géré en dispersion pour l'un (baptisé A3DMF), et géré à la fois en dispersion et en biréfringence pour l'autre (BD-A3DMF), qui permettent de supprimer la dérive en fréquence des bandes latérales induite par les pertes dans les spectres d'IM scalaire, et d'accroître le gain d'IM.

Mots clefs : : Instabilité modulationnelle, Fibre optique, Biréfringence, Pertes optiques, Gestion de la dispersion, Mélange à quatre ondes.

Optimization of modulational instability processes by means of dispersion-managed optical fibres

Abstract : This thesis presents our study on the optimization of processes of modulational instability (MI), by use of dispersion-managed optical fiber systems. The methodology that we have chosen consists, on one hand, in identifying the most penalizing phenomena for the performance of the systems of generation of scalar or vectorial MI , and then, to propose solutions allowing a reduction of these penalties by purely optical ways.

We demonstrate that it is possible to generate sidebands of scalar MI (called non-conventional sidebands) in the normal dispersion regime, where, in principle, they should be absent. This generation of MI is obtained by means of a system of fibers with periodic variation of dispersion, and by a careful adjustment of the parameters of the dispersion map of the system.

Finally we propose two systems, based on dispersion management for one of them (called A3DMF), and based on a simultaneous management of dispersion and birefringence for the other (BD-A3DMF), which allow to suppress the frequency drift induced by the fiber losses on the MI sidebands, and to increase the MI gain.

Key words : Modulational instability, optical fiber, Biréfringence, optical losses, Dispersion management, Four-wave mixing

Printed by Books on Demand GmbH, Norderstedt / Germany